ゲノムが語る生命像

現代人のための最新・生命科学入門

本庶　佑 著

ブルーバックス

本書はブルーバックス『遺伝子が語る生命像』（1986年初版発行）の書名を改め、内容を大幅に加筆・改稿したものです。

●カバー装幀／芦澤泰偉・児崎雅淑
●カバーイラスト／北見　隆
●本文デザイン／土方芳枝
●本文図版／さくら工芸社

はじめに

『遺伝子が語る生命像』として1986年4月に出版したブルーバックスの1冊は予想外の好評を得て、24刷まで版を重ねた。しかし当時から実に27年が経過し、その間、生命科学はめざましい進展を遂げた。そこで今回、タイトルのキーワードを「遺伝子」から「ゲノム」に変更し、改訂新版を上梓することとなった。

約30年という月日はこの分野では非常に長く、この間の生命科学の発展をできるだけ取り込むようにした結果、中身はまったく異なるものにならざるをえなかった。しかし、本書の元のスタイルはなるべく保ち、各項目は短い読み切りとし、全体の流れとして生命科学の発展と、その背後にある生き物がわれわれに教える思想を汲み取ってもらうように配慮した。

一方、生命科学の思想を変えてきたものが、解析技術の飛躍的な発展であることも重視した。思想と技術的な発展とは、相即不離である。新しい技術によって新しい事実が明らかとなり、その事実の積み重ねから、生物に対する見方が変革してきたのである。

この30年足らずの間に新たに登場した技術を列挙してみると、その発展の速さに驚愕する。まず、遺伝子のノックアウト技術の発展によって、個々の遺伝子の生体内での機能が極めて明確に解析できるようになった。この結果、発生学、神経科学、免疫学といった高次生命機能現象の解析が格段に進歩した。

また、DNAの塩基配列決定の自動化ならびに高速化によって、個々の生物種のみならず、個々の細胞の遺伝子配列の決定が極めて短時間で行えるようになった。技術革新の速さはまさに日進月歩である。ヒトゲノムの全解読が21世紀の始まりを告げたとすれば、それに要した5～6年の歳月が今日ではほぼ数週間で可能になり、やがてこれが数時間の単位にまで近づこうとしているのは、天変地異の変革に近い大革新である。

質量分析によるタンパク質の分析技術の驚くべき進歩とその正確さによって、細胞内タンパク質相互の乖離会合関係などが、今日多数の研究室によって解析され、その相関図ができあがりつつある。

細胞内での個々のタンパク質の動的な動きを知るうえで、蛍光タンパク質（GFPに代表される）の活躍には目覚ましいものがある。その後に開発された色の異なる蛍光タンパク質を加え、細胞内で複数のタンパク質がダイナミックに乖離会合をすることなど、30年前では想像できなかった画像がわれわれの目の前に存在する。

また、画像解析としてMRIなど医学で発展してきた技術が動物、小動物にも応用されるようになり、また2光子励起顕微鏡により組織の生体内での構造や、その中における細胞の動きを継続的に追うことができるようになった。

このような技術的な進歩が、生命科学のものの考え方に大きな変革を与えようとしている。これまで辿ってきたいわゆる還元主義的な解析は、こうした一連の技術革新によって一種の極限にまで達しようとしている。しかしながら、分子レベルまで生命体を還元して解析したことによって、われわれは本当に生命とは何かを理解したであろうか。残念ながら、答えはノーである。これからは構成要素を統合し、全体としての生き物の姿をどのようにすれば把握できるのか、命とは何かをどのようにして語ることができるのかが問われる時代となった。すなわち「分子が織りなす命の綾」を知ることが生命科学者の夢である。

さらに、多くの生命科学の研究が、マウスなどの動物モデルを用いた研究を中心に進んできた。これは、純系動物を使うこと、すなわち遺伝的に均一な動物を使うことによって個体差が限りなくゼロに近づくからである。しかし、生命科学のひとつの大きな出口は、ヒトとは何かを明らかにすることである。またそのことによって、ヒトの健康保持に貢献することとなる。ヒトは各人が違うＤＮＡを持ち、千差万別である。

次の30年は、ヒトにおける生命現象を統合的に語ることが求められる。個体差とその表現系、またそれらのもたらす疾病とその予防・治療へと生命科学が向かうことが予想される。

本書を完成させるにあたり、多くの方々のご援助をいただいた。とりわけ、秘書の白木裕貴さんには本書の口述を起こすところから図の作成にまで、全般的に多大なご尽力をいただいた。また、さまざまな角度からご批判いただいた縣保年、岡崎拓、木下和生、近藤滋、佐邊壽孝、武田俊一、田代啓、竹馬俊介、古川貴久、村松正道の各氏（五十音順）に厚く御礼申し上げます。

講談社から改訂版出版の誘いがあったのは２００５年だった。ちょうどその時期は、京都大学医学部を定年退職し、比較的に時間の余裕ができると思われた時期であったので、お引き受けすることを約束した。

ところが、２００６年6月にまったく想定外に、著者は総合科学技術会議常勤議員の職を引き受けざるをえない事態となった。この職責は極めて重く、約束した改訂版の作業は遅々として進まなくなった。ようやく２０１２年1月に5年6ヵ月に及ぶ総合科学技術会議の職務から解放された。これを機に本格的に作業にとりかかり、ようやくまとめあげることができた。講談社の高月順一、篠木和久両氏には原稿完成まで長い間励ましていただき大変お世話になった。あわせて御礼申し上げます。

２０１２年12月25日　京都洛北にて

本庶　佑

初版『遺伝子が語る生命像』序文

大学生時代のある日、チェロをたしなむ友人のN君と議論をしたことがある。N君は物理学専攻の秀才であった。そのN君いわく、

「生物学などは、科学と呼ぶに値しない。あのような曖昧模糊とした現象論の記載ばかりをやっている生物学や医学は、二流の学問である」

自分の専攻分野を鋭く一刀両断にされて、私も黙っているわけにはいかない。すかさず反論した。

「生物学が遅れていることは事実だ。しかし、その遅れは必ずしも生物学、あるいは生物学者だけの責任ではない。物理学や化学の技術・方法が、今より高度になり、生物材料の分析技術が進むならば、生物学も定量的になり立派な自然科学になるはずだ。

生物学が今日のような低いレベルにあるのは、むしろ、物理学者や化学者の側の怠慢のせいではないのか。彼らが単純な水素原子や、きわめて純粋な材料を使ったモデル系、あるいは理想的な反応系での研究ばかりに精を出して、生物現象のような複雑で困難な問題に挑戦しようとしないことも生物学を遅らせている一因ではないか」と。

この議論をしたのは、たしか大学の二年生のときであったと記憶しているが、当時、私もN君

も、生物学がそれから一〇年ほどして驚くほどの変貌を遂げようとは夢想だにしなかった。この生物学における革命的な発展をもたらしたものは、有機化学や物理学の新しい技術の導入もあったが、何よりも生物学自身が産み出した新しい技術、すなわち遺伝子工学の技術である。

非常に幸運なことに、私の研究生活はこの遺伝子工学技術の発展段階とめぐり合うことができ、私自身も遺伝子がダイナミックに変化するという発見にわずかながら寄与することができたと思う。生物学の革命は、これまで信じられてきた〝確固不動の遺伝子〟という考えを完全に打ち破り、人々の生命観にも少なからぬ影響を与えた。

さて、生物学の革命は、いまや生命の神秘の扉を否応なく開け始めている。これに対して、この神秘の扉を開けることは、もしかすると、ギリシア神話の〝パンドラの箱〟を開けることと同じことを引き起こすのではないかという恐れや、また、見たくもないものを見なければならないのではないか、という当惑が多くの人々にはある。

一方において、今日では、生命科学を含めた各分野の科学技術の発展が、実験室と社会との間にあった扉も一気に開け広げてしまった。これは、米国において特に顕著な形で表れている。大学の有力な教授の多くは、民間会社の重役を兼務しており、研究の成果はただちに社会に還元される。しかしわが国では、学者は寡黙であることを良しとし、学者が直接、実験室と社会の橋渡しをするということは、あまり好ましいことではないとする考えが、今もって学問の世界では一般的である。

しかし、一九六〇年代後半の、いわゆる学園紛争の真っただ中に身を置いた経験から、私は学問の世界と社会との間に厚い壁を設けることには、やや批判的なのである。あの長い貴重な時間をかけて私たちが考え続けた結論は、「科学研究が社会と完全に遊離して行われるべきではない」という唯その一言に尽きるような気がする。大学院生時代に一年間研究をストップし、わが国の研究体制はどうあるべきかとか、あるいは、科学と社会とのあるべき姿は何かということを議論して過ごしたことは、その当時は、まったく無駄であると思ったし、早く研究が再開されることのみを願っていた。

しかし今、考えてみると、この一年間は、私にきわめて貴重な、おそらく望んでも他の方法では得られなかったような体験を与えてくれた。社会と学問のかかわりに関して、私なりに深く考えることができたし、また、人の言うこととその行動との関係についても興味ある多くの観察をすることができ、それらは私の人生経験において、はなはだ貴重な財産となっている。

この貴重な体験から私が得たことは、学問は閉ざされたものであってはならないということである。特に今日の自然科学のように、その研究費のすべてを国民の税金によってまかなう場合では、その成果を国民に還元する積極的な努力をすることが望まれる。科学技術の成果は、単に、その応用結果を通して国民生活を便利にすることだけではなく、それから導かれる物の考え方もまた、専門外の人々に還元するべきではないのか。

このような考えを持っていたので、講演会への招きがあったときなどは、私としては、かなり無理をしても参加するようにしてきた。正直に言えば、このような場合は、たいてい、研究時間を割愛しなければならないし、同時に私の考えが聴衆に正しく伝わるのかという不安もあって、参加することが苦痛でさえあった。しかし、一般向けの講演会は、国民に対する科学者のなすべき一種の義務であろうと考えてきた。

今回、この本をまとめるにあたって思い起こしてみると、講演会に参加することも私に生物学全体の展望を行い、科学と社会との関連をまとめるまたとない機会であったように思われるのである。当時のメモや覚え書きが本書を執筆する基礎となっているからだ。

講談社のブルーバックスシリーズに本を書くように最初に編集部の小宮浩氏に勧められたのは、もう五年も前になる。当時は、とてもそのような本を書く暇はないと固く辞退申し上げた。しかし、根気強いおさそいと彼の憎めない性格にほだされて、そのうちに書きましょうなどと安請合いをして年月を過ごしてしまった。

昭和六〇年の春にいたり、もし約束を果すとすればそろそろ限界であり、今書かなければ、もはや手持ちのメモや覚え書きも古いものになってしまうと思われたので、その年の夏休みを利用してまとめ上げることを、編集長の小枝一夫氏に約束した。

すでに分子生物学、あるいは遺伝子工学に関する本は多数あり、また、教科書のように、一つ一つ積み重ねて知識を展開するようなものは、一般の人にはやや理解しにくいのではないかと思われた。

そこで、本書をまとめるにあたっては、まず、各項目が一通り独立して、それなりに一編の短編小説のように読み切りであることを原則とした。遺伝子工学の実態が感じられるように、第二章、第三章で、やや詳しく記述したところもあるが、読みとばしていただいてもよい。むしろ生命科学の進歩の成果から考えられる意味や生命観を理解していただければ幸いである。もちろん、生命観などというものは、人それぞれのものであるから、これは私の独断と偏見に満ちた考えであることをじゅうぶんに御了承いただきたい。本書は決して教科書ではなく、一人の生物学者の覚え書きなのである。

本書ができ上がるまでには、多くの方々から温かい御援助と御助言をいただいた。岡本左和子、小枝一夫、小宮浩、近藤滋、竹谷素子、田代啓、田辺瑞雄、楢村真弓、成宮周、松田文彦（五十音順）の各氏に厚く御礼申し上げます。

一九八六年四月

本庶　佑

ゲノムが語る生命像　目次

はじめに　3

初版『遺伝子が語る生命像』序文　7

第1章 メンデルからゲノムへいたる道……17

1 メンデルはなぜ偉大なのか……18
2 進化はゲノムの歴史である……22
3 遺伝子の本体はＤＮＡである……27
4 ゲノムの全塩基配列決定……31

第2章 分子細胞遺伝学の基礎……37

5 ゲノムは細胞の核に存在する……38

第3章

6 染色体はDNAとタンパク質からできている……43
7 DNAの構造から何がわかるか……47
8 遺伝暗号の謎解き……52
9 遺伝子は寄木細工で作られたか……56
10 ゲノム情報に含まれる未知のもの……61
11 ゲノム情報のコピー（転写）によるmRNAの生成……65
12 ゲノム情報のタンパク質への翻訳……70
13 ゲノム情報の間違いが進化の母である……75
14 兄弟はなぜ異なるのか……79
15 細胞核の外にも遺伝子は存在する……83

ゲノム工学の技術

……87
16 ゲノム情報を編集する……88
17 ヒトのDNAを大腸菌で増やす……93
18 細胞へDNAを導入する……97

19 DNA塩基配列を決定する……101
20 DNAを試験管の中で100万倍に増やす……108
21 生きた細胞や分子の動きを見る……112
22 遺伝病を再現する動物……115
23 単クローン抗体……118

第4章 生命科学の新しい展開

生命科学の新しい展開……123
24 多様性は生命体の本質である……124
25 動く遺伝子……129
26 細胞分化のプログラム……136
27 細胞分化の再プログラム化と臓器再生……141
28 遺伝情報の後生的な制御……146
29 感染症から逃れる仕組み……150
30 獲得免疫系による自己と非自己の識別……156
31 ワクチンの効果は免疫記憶の形成による……160

32 発ガン・ゲノム不安定性・放射線……166
33 ガン治療の新たな展望……172
34 脳の機能の理解（1）その活動原理……176
35 脳の機能の理解（2）……180
36 病気の原因遺伝子……185

第5章 ゲノムから見た生命像……191

37 常識を破り世界観を変える科学の進歩……192
38 生命の偶然性と必然性……195
39 生命の柔軟性……199
40 生命の有限と無限……201
41 未来に備える遺伝子……205
42 生命と価値観……208
43 個人の尊厳とクローン人間……211
44 生命はどこまで理解できるか……214

第6章 生命科学がもたらす社会へのインパクト……219

45 新技術の社会受容性――安全と安心……220
46 ヒト生命情報統合研究の推進による新しい医療の展開と医薬品開発……225
47 食料不足と環境保全への取り組み……231
48 ゲノム工学による新産業の創出……236

第7章 生命科学者の視点から……241

49 幸福感の生物学……242
50 生物学は必須の教養……246
51 医療の進歩と変化……248
52 歴史に学ぶ……250

さくいん／巻末

第1章

メンデルから ゲノムへいたる道

ゲノムとは、細胞が持つDNAの総体であり、
したがって細胞の遺伝情報のすべてを包含している。
すなわち、ゲノムは生命体の設計図であるとも言える。
ヒトのゲノムには約2万～3万個の
タンパク質に翻訳される遺伝子が含まれる。
ゲノムに含まれるそれぞれの遺伝子とその組み合わせには、
過去から現在、さらには未来にいたる生命の
仕組みの情報が書き込まれている。
生命は、40億年前に始まった最初の生命体から、
DNAという糸によってつながっており、
そしてまた、未来の生命体の原型も、
今日のわれわれのゲノムの中に
書き込まれていると考えることができる。
ゲノムについて考えるとき、
遺伝学の歴史から始めるのが、もっとも適当であろう。

1 メンデルはなぜ偉大なのか

肌の色とか背の高さが、親から子へ伝えられるということは、経験的に古くから知られていた。このような生物の色や背格好を形質というが、メンデルはこのような形質を決める物質（粒子と表現した）があると想定して、親から子への形質の遺伝を担う物質があるという新しい概念を提唱し、その実験的根拠を示した。

メンデル（G. J. Mendel）の遺伝法則は、中学校の教科書にも登場して、すべての人におなじみの法則となっている。メンデルが粒子と呼んだ物質は、現在では遺伝子と呼ばれている。

親の形質は遺伝子によって、子へ伝えられる。また、子の代ではその遺伝形質の発現に力関係があり、発現されるものを優性、かくれてしまうものを劣性と定義している。これが「優劣の法則」と呼ばれる第1の法則である。ところが孫の代になると、子の代には存在しなかったかのように見えた劣性の遺伝形質が、やはりちゃんと残っていて発現してくる。これが「分離の法則」と呼ばれるメンデルの第2法則である。メンデルの第3法則は「独立の法則」と呼ばれ、無関係な2つの遺伝形質は、それぞれ独立して勝手に親から子へ伝えられる、というものである。

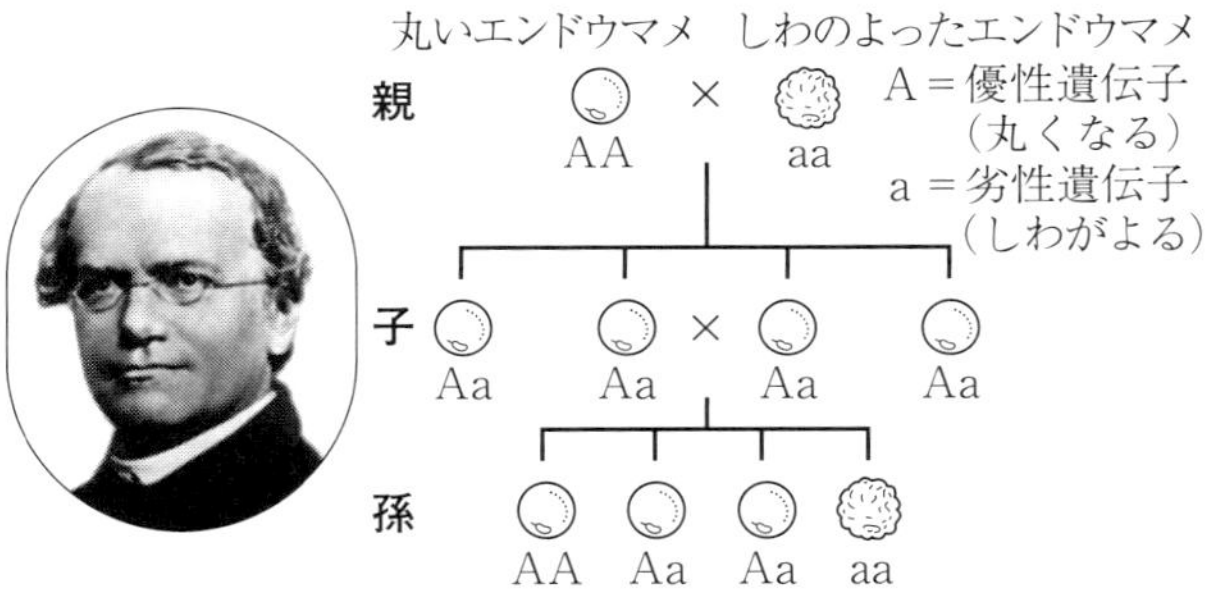

上の２種類のエンドウマメを交配すると、子の代ではすべて丸いものができるが、その子どもどうしの交配で生じた孫の代では４分の１の割合でしわのよったエンドウマメが生じる。

図１　メンデルとメンデルの法則

遺伝する形質が遺伝子によって伝えられるということは、今日ではあまりにも当然のことであるから、このような話をしても、メンデルはなぜ偉かったのか、はっきりとわからない人が多いかもしれない。

一般に歴史上の多くの出来事や発見を正しく評価することは、なかなか難しいことだ。往々にして、今日のわれわれの常識に基づいて歴史を理解しようとすると、とんでもない間違いを引き起こすことがある。メンデルの法則も、メンデルの生きた時代の常識に立ち戻って考えるときに、初めてその偉大さが理解できる。

メンデルの生きていた19世紀中頃（メンデルは１８２２年に生まれ、１８８４年に亡くなった）においては、両親の遺伝形質が子どもの中で融合し、渾然（こんぜん）一体となって子どもに表現される、と考えられていた。ちょうど、コーヒーにミルクを混ぜるとカフェ・オ・レになって、これをコーヒーとミルクに分けることは容易ではないのと同じように、遺伝現象においても、両親の形質は子どもの中で混じり合うと考えられていたのである。

もし、この考えが正しいとするならば、いったん、混じり合った形質が、孫の代で分離して出てくるという遺伝現象はありえないこととなる。逆に、遺伝子がそれぞれ独立した単位からなり、子の代でもけっして混じり合うことがなく、たんに優性の形質が、劣性の形質を見かけ上、かくしてしまうということであるならば、孫の代で子の代ではかくれていた劣性の形質が出てくることは、当然ありえることである。

このように、遺伝現象が遺伝子という独立した単位により、混じり合わない形で親から子へ伝えられるという新しい概念は、メンデルによって初めて打ち立てられたのである。これを「粒子説」と呼んでいる。

粒子説による卓見

もし、この粒子説の立場に立つならば、メンデルの分離の法則は必然的に導かれる。メスとオスの交配で一対の遺伝形質が子に伝えられると考えると、その子世代同士の交配によって生じる孫世代の遺伝形質は、親が持っている遺伝子の組み合わせによって予測されるからである。

メンデルが実験に使ったエンドウマメのように、その表面にしわがあるかないか、あるいはマメの背丈が高いか低いかといった形質は、このような遺伝現象の研究にきわめて適していた。

ところがメンデルが行った実験結果は、孫の世代に優性と劣性の形質が3対1の分離比で発現するという理論的に予測される値にあまりにも近すぎていたために、これまでに、何人かの人々が疑問を呈してきた。つまり、メンデルの実験結果は、すでに結果を予測した上での先入観によってゆがめられたのではないかという疑問である。このような疑問を呈した人々としては、生物集団（たとえば人類集団）の遺伝的構成を支配する法則を探る集団遺伝学の開祖とも言うべきフィッシャー（R. A. Fisher）やライト（S. G. Wright）、あるいはアカパンカビを使って生化学的遺伝学を開拓したビードル（G. W. Beadle）らがいる。

たしかに、メンデルが粒子説の立場に立つことを最初に考えてエンドウマメの遺伝実験をしたとしたら、必然的に優性3対劣性1の結果は予測できたはずであり、実験結果に対する〝先入観〟はあったとしてもけっして不思議ではない。

しかしながら、メンデルの偉大な業績は、このような多少の〝先入観〟があったとしても少しもゆらぐものではない。むしろ、当時の常識に反した革命的な概念に基づく遺伝法則の仮説を立て、1853年から1866年という長い年月をかけてこれを実証しようとしたことが、一層賞賛に値すると考えるべきであろう。

2 進化はゲノムの歴史である

地球上の生物種は神が作ったままで変化していないと信じられていた時代に、ダーウィンは鋭い観察と緻密な事例の分析とを組み合わせ、生物種は変化したと確信した。さらに、その原因として、遺伝的な変異を持つ個体（および集団）が自然環境によって選択されるという、自然選択の概念を打ち出した。

進化（evolution）とは、今日的な言葉で言いかえるならば、「ゲノムの歴史的変化」と言うことができる。ダーウィン（C. Darwin）は『種の起源』を著して、進化が遺伝する変異と、その自然選択との組み合わせによって起こることを唱えた。

ところが、ダーウィンは遺伝子という概念をはっきりと持っていたとは考えられない。彼が『種の起源』を著した1859年当時は、メンデルが発見した遺伝子という概念はまだ公表されていなかった（メンデルが、エンドウマメの交雑実験を公表したのは1866年）。にもかかわらず、ダーウィンは注意深く自然を観察することによって、生物には遺伝する変異が存在することを知っていた。しかしなぜ、そのようなことが起こるのかについては、正しい理解はなかった

図2　ダーウィン進化論に1つのヒントを与えたガラパゴス島のゾウガメ。多数の変種がある。

と思われる。

ダーウィンの行った推論は、熱烈な進化論の信奉者であるハクスリー（J. Huxley）によって、次のような3点に要約されている。

第一に、すべての動植物の種では、生まれる子どもの数のほうが、その親の数よりも多い。第二に、にもかかわらず、ほとんどの種の集団の大きさは、だいたい一定している。第三に、自然界には非常に多くの変異が存在しており、そのうちのかなりのものが遺伝的に伝わる。

この最初の2つの観察から、自然界の生物には生きるための生存競争があるということが予測される。そして集団の中には、生き残りやすいものと、そうでないものとがあり、生き残ったものが子孫を増やし、集団の中にその数を広げてゆくと考えられる。これが「自然選択」の仕組みである。

ダーウィンが打ち立てた「遺伝する変異」とその「選択」という2つの考えは、生物を理解する上で、きわめて重要な概念である。

遺伝する変異とその選択とは何か

ダーウィンの進化論に対して、その後の遺伝学がつけくわえたものは、遺伝子の変異がどのようにして起こるかという説明と、自然淘汰（とうた）の仕組みに関する研究である。つまり、ダーウィンの概念を分子レベルや隔離された集団で実証しようというのが、ダーウィン以降の進化遺伝学の営々とした努力であるとも言える。

ダーウィンの偉大さを理解するには、やはり彼が生きていた時代の歴史的な背景として、生物が進化するということそのものを否定する人々が圧倒的多数であったことを思い起こす必要があろう。今日ですら、神によってすべての生物の種が作られたと信じて疑わない宗教的集団が存在していることを考えると、19世紀半ば頃では、そのような信仰がどれほど人々の考え方に大きな力を持っていたか、十分想像できる。

もっとも、ダーウィンは彼自身も認めているように、進化の原理や自然選択の概念を発見したのではなく、すでに多くの人々によって言われていたことを整理し、それを支持する事実をたく

1. Geospiza magnirostris（オオガラパゴスフィンチ）
2. Geospiza fortis（ガラパゴスフィンチ）
3. Geospiza parvula（コダーウィンフィンチ）
3. Certhidea olivacea（ムシクイフィンチ）

図3　ガラパゴス諸島のフィンチに見るくちばしの形態の進化（『ビーグル号航海記』より）

さん集めて、どんな無知の人にも理解できるような形で進化を説明したという点で評価されるべきだと言われている（エブリマンズ・ライブラリー『種の起源』にあるW・R・トムソンの序文による）。ダーウィニズムとは、ダーウィンと彼を支持する人々によって形成された思想であると言えるのである。

進化を考える上で重要な点は、遺伝子の変異は個々の細胞で起こるが、子孫に伝えられるのは生殖細胞の遺伝子に起きた変異だけであるということである。一方、自然選択は個々の個体に働くが、その選択の結果が集団内に定着するかどうかが鍵となる。したがって進化を分子レベルで説明するためには、生殖細胞の中における遺伝子の変異を説明すると同時に、大きな集団の中におけるダイナミックな生存競争をも説明する必要がある。

ダーウィンの唱えた環境による集団の選択を実証したのが、２００９年に京都賞を受賞したグラント博士夫妻（P. R. GrantとB. R. Grant）である。グラント夫妻は、進化という尺度で見れば35年という短時間で、集団に選択が起こることを観察した。彼らは１９７３年から、ガラパゴス諸島の珍鳥フィンチのくちばしの形態と大きさが急速に進化することを観察して実証し、その進化は気象条件によって変化する食べ物の種類によって大きく変わることを示したのである。

このような短期間に大きな形の変化を示す理由は、おそらく限られた数の集団の中で選択圧がきわめて強く、限られた食物をめぐって非常に強い生存競争が働く環境であったためと思われる。すなわち、35年の間に遺伝的変異が急速に起こったのではなく、むしろ集団の中にある遺伝子プールの中から、ある組み合わせによって環境に適した個体が生じ、その個体が強い選択圧によって集団の中で多数を占めるようになったのではないかと考えられる。この成果は、ダーウィンの進化の考えを生んだガラパゴス諸島でダーウィンが最初に紹介したフィンチを使った実証的研究として、今日高い評価を得ている。

3 遺伝子の本体はDNAである

遺伝子の実体がDNAという化学物質であることが証明されたのは、20世紀半ばのことである。さらに、1953年にワトソンとクリックによるDNAの二重らせん構造の発見によって、DNAが親から子へ遺伝情報を伝える分子の仕組みが明確になり、現代生命科学の怒濤(どとう)のような発展の礎が築かれた。

DNA（デオキシリボ核酸）が遺伝子の本体であるということは、今日では常識となっている。ところが、この常識が形成されるのにも、多くの人々のたゆみない努力と長い年月が必要であった。

DNAは19世紀の中頃、スイス人のミーシャー（J. F. Miescher）によって、けが人の傷口の膿(うみ)や、サケの白子(しらこ)（精巣）などから最初に単離された化学物質である。しかし、このDNAが遺伝子の本体であるということは、多くの人々にとっては、とても想像もつかないことであった。一方で20世紀に入ると、遺伝子が細胞核の染色体上に存在することが、アメリカのモーガン（T. H. Morgan）によって明らかにされた。染色体はタンパク質と核酸（DNAとRNA）からできている。そこで、遺伝子の本体が核酸なのかタンパク質なのかをめぐって長い論争が続いた。

ＤＮＡが遺伝子の本体であるということのもっとも直接的な証明は、１９４４年にアベリー(O. T. Avery)、マックロード（C. M. MacLeod)、マッカーティ（M. McCarty）の３人によって行われた。毒性のある肺炎双球菌（Ｓ型）は外側に特別な莢膜を持っている。彼らは、毒性のある肺炎双球菌からとったＤＮＡを毒性のない莢膜を持たない菌（Ｒ型）に取り込ませることによって、毒性を持った菌に変えることに成功した。この現象は「形質転換」と呼ばれているが、表現されている形質を変える物質はＤＮＡであり、ＤＮＡは遺伝子であることを示すもっとも直接的な証明であった。ところが、この１９４０年代の仕事は、必ずしも多くの人々によって認められなかった。

その理由のひとつは、ＤＮＡの構造はきわめて単純なはずだから、複雑な遺伝情報を担えるはずがないという先入観が、当時の研究者にあったためである。ＤＮＡの成分にはたった４種類の塩基アデニン（Ａ)、グアニン（Ｇ)、シトシン（Ｃ)、チミン（Ｔ）と、１種類の糖デオキシリボースとリン酸しか含まれていない。これに比べれば、タンパク質には20種類ものアミノ酸がさまざまな割合で含まれていて、多種多様なタンパク質を作り上げている。遺伝子の本体は複雑なものであるはずだという思い込みが多くの研究者にあった。

結局のところ、遺伝子の本体がＤＮＡであることを人々に認めさせるためには、ＤＮＡがどのような構造をしており、その構造がいかに都合よく遺伝現象を説明できるかということを、はっ

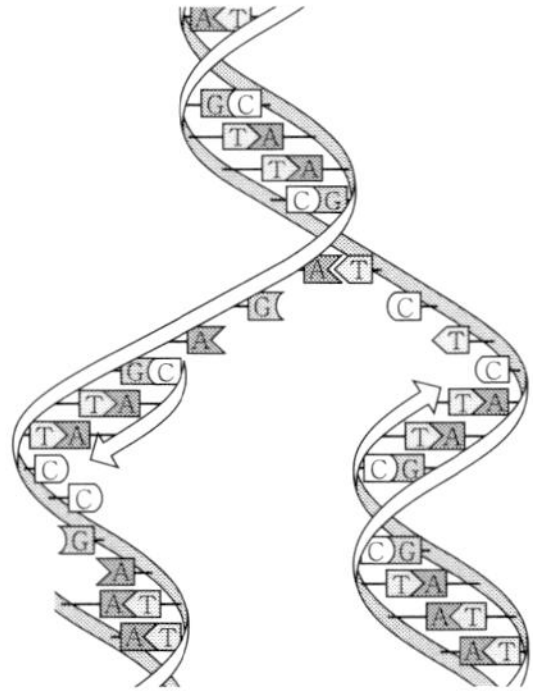

ATGCの4つの塩基が、デオキシリボースとリン酸による鎖に沿って、A-T、G-Cの組み合わせで結合している。DNAはこの二重鎖をほどくことで複製される。矢印は複製される方向を示す。

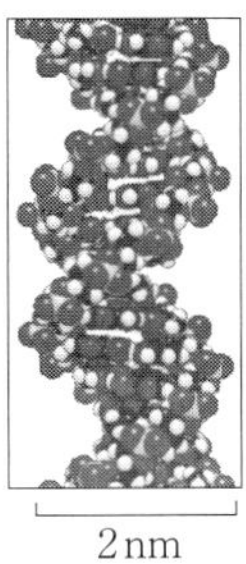

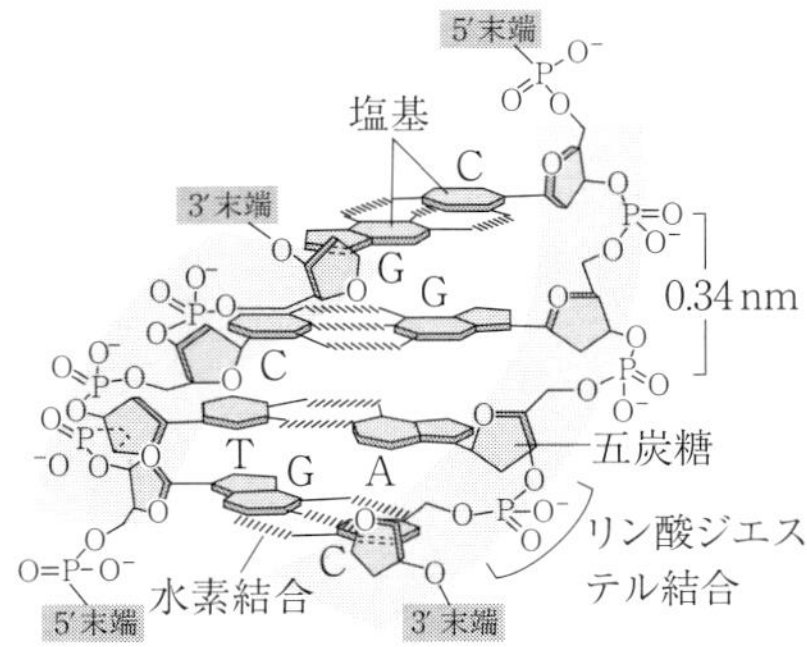

DNAの2本鎖は逆方向で対合している。DNA鎖はデオキシリボースの5'のOHと3'のOHの間にリン酸が入ってつながれるが、5'OHにリン酸が結合した形のほうを5'末端、3'OHで終わっているほうを3'末端と定義する。DNA合成は5'末端から3'末端方向にのみ進行する。

（Molecular Biology of the Cell, 4th Editionより）

図4　DNAの二重らせん構造と複製

きり示したワトソン（J. D. Watson）とクリック（F. H. C. Crick）のＤＮＡの二重らせんモデルが誕生する１９５３年まで待たねばならなかった。

二重らせんモデルによる革命

このモデルによって、遺伝子にまつわる多くの謎が解けたと同時に、ＤＮＡの構造を使って、予測されるさまざまな遺伝現象の仕組みを実験的に検証することも、また可能になったのである。ワトソンは、ＤＮＡが二重らせん構造であることを示したとき、遺伝物質の複製が、この構造から非常にうまく説明できることを明確に指摘した。すなわち、鋳型と鋳物の関係となる二重鎖は、一方の鎖を鋳型として正確に複製することができる。その後は、わずか60年足らずの間に、遺伝子の構造、機能について怒濤のような情報の洪水となったのである。

セントラルドグマ

ＤＮＡの二重らせん構造の解明から、４種類の塩基の配列によって遺伝情報の暗号が定められていることが予測された。その配列を忠実に複製すれば、遺伝情報が子孫に伝わることになる。

さらに、この遺伝情報を実際に機能する物質であるタンパク質に発現させることが必要だ。その後の研究から、ＤＮＡの情報をいったんＲＮＡに転写し、そしてそのＲＮＡ上の塩基配列の遺伝暗号をアミノ酸の配列に翻訳する作業を行うことによって、遺伝情報がタンパク質の構造を規定することが明らかとなった。遺伝情報が体の機能タンパク質の構造を一方的に定めるのであり、情報の逆流は起こらないという「セントラルドグマ」の概念がクリックらによって提唱され、多くの人が受け入れることとなった。このことによって、遺伝子の役割はほぼ概念的に確立したのである。

セントラルドグマの意味することは、獲得形質（たとえばスポーツ選手の鍛錬で作られた強い筋力）は遺伝しないということの物質的基盤である。もし獲得形質が遺伝するならば、タンパク質→ＲＮＡ→ＤＮＡと情報の逆流が起こらねばならないからである。

4　ゲノムの全塩基配列決定

遺伝暗号はＤＮＡ上の４種類の塩基配列の並び方で決定される。この配列の解読法に成功し、ヒトゲノムの全塩基配列の決定が行われた。その結果、生命の全遺伝情報が手に入ったと錯覚する人が多いが、実はわれわれはその解読の緒に就いたばかりである。

われわれは、今日、生命の設計図の完全解明へと確実に歩みを進めている。遺伝言語（暗号）

は塩基の配列によって書かれており、この配列（ヒトのゲノムは約32億個の塩基）を決定すればば、ゲノムが持つ遺伝情報全体を解読できると考えられた。１９７０年代に開発された化学分解法（マキサム－ギルバート法、第19項参照）、あるいは酵素法（サンガー法、第19項参照）を使うことによって、この塩基配列を容易に決定できるようになった。さらに、酵素法の原理に基づき、塩基配列を自動決定できる装置が開発され、人々の予測よりも早く、２００３年にヒトゲノムの全塩基配列が決定された。その結果、ヒトゲノムには約２万～３万個のタンパク質に翻訳される遺伝子が存在することが明らかとなった。

私たちは今、ヒトの全遺伝情報（ゲノム）を塩基配列として知ることに成功した。最初、７ヵ国の国際コンソーシアムチームは、数名のヒトゲノムＤＮＡを染色体単位で分担して塩基配列を決定した後、それを寄せ集めた。その後、特定の個人の全ゲノム塩基配列の決定も何例か行われた。さらにはヒト以外の生物種として、ブタやウシなどの家畜はもちろんのこと、チンパンジー、昆虫、植物、イネなど、１０００種以上のゲノム塩基配列の解読が完了、または進行中である。

この勢いだと、地球上の全生物種のゲノム塩基配列の解読も今世紀中に完了するであろう。まさに、生物種の進化の歴史が塩基配列のレベルで辿れるようになった。チンパンジーゲノムの解読とその比較により、ヒトとチンパンジーが何個の遺伝子に違いがあり、なぜヒトの知能や言語

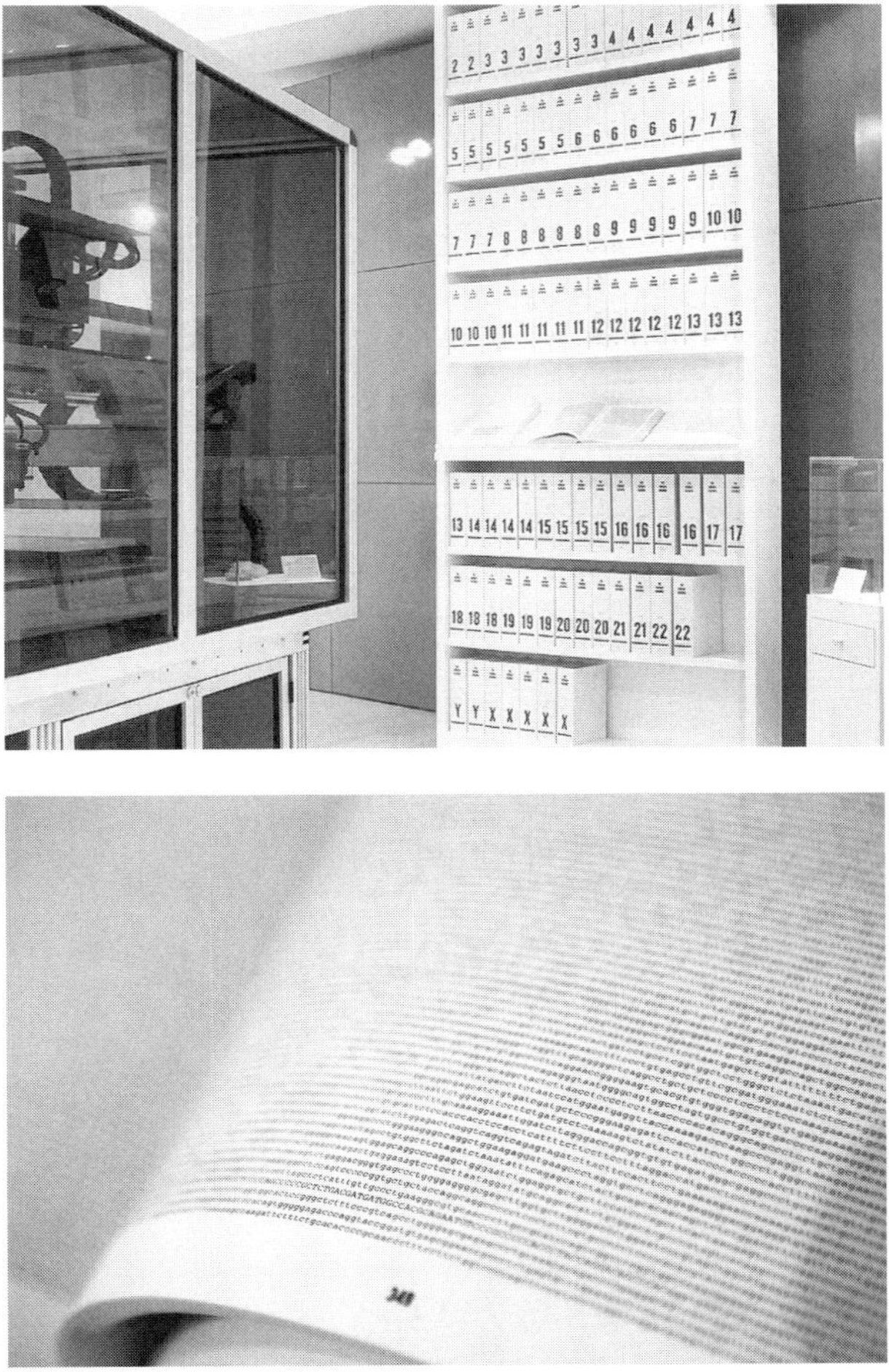

図5　写真上・ヒトゲノム全塩基配列を印刷し染色体ごとに分冊・製本したもの（イギリスWellcome Collection所蔵）。写真下・製本されたページの一例（ⒸRex/PPS）。

能力が進化したのかを解明できる日も間近である。

メンデルの仮説からスタートして、ヒトはその全遺伝子が組み込まれたゲノム情報を手に入れた。このことは生命科学にとどまらず、人類の未来にとって大きな意味を持つ。後述のように、ゲノム全塩基配列決定法の高速化と低価格化により、遠くない将来において、希望すれば一人一人のゲノム情報を明らかにすることも可能となる。

ゲノム情報を手に入れたことによって、何がわかったのであろうか。現時点でもっとも大きな知見は、塩基配列の情報をもとにタンパク質に翻訳可能な部分を遺伝子と定義して数えると、ヒトの遺伝子としてゲノムに存在するものの数が、予想外に少なかったということである。3万足らずという遺伝子の数は、ショウジョウバエなどの昆虫と大差がない。したがって、昆虫とヒトの間の生物学的な高次の機能の差を、たんなる遺伝子数だけで説明することは難しい。

第二に、遺伝子の数に比較して、遺伝子の発現制御に関わる塩基配列の量と複雑な階層性である。

第三に、生命科学はゲノム情報を手に入れたことによって、明らかに物理学や化学のような単純な原理から演繹できない複雑な基本原理のもとに構築されていることを改めて認識させられた。物理学では有限の世界でものを考えることは難しい。すなわち、ある物質が「ない」という証明は不可能である。たんに計測ができないだけかもしれないからである。ところが生命科学では、ゲノムの中に存在しない遺伝情報は「ない」と断言できるのである。ゲノムは有限な遺伝情報量を持つにすぎない。それにもかかわらず、ゲノム情報によって動かされている生命体の活動は、まさに無限とも思えるほど複雑である。その仕組みの解明こそ、今後の生命科学の課題である。

メンデルの法則の発見からわずか150年で到達したゲノムの全体像にいたる歩みは、人類の知的好奇心がいかに強烈なものかを如実に示している。しかし、ゲノムの全塩基配列の決定は、生命の本質の解明へ向けての一歩を踏み出したにすぎない。これからまさに生命とは何かを、改めてゲノム情報をもとにして問うてゆく歩みが始まるのである。

このように限られた遺伝情報に基づいて、なぜ生命体は無限とも言える複雑な発生や分化、脳の高次機能、無限とも思える感染症からの防御など、驚くべき機能を発揮することができるのであろうか。限られたゲノムという大きな壁を乗り越えるために、40億年の進化の過程で生命体が蓄積してきた驚くべきノウハウをわれわれは解明すべく、必死の努力を遂行している。

現在の状況は、たとえてみると全塩基配列の決定により人口3万人の都市の電話帳を探し当てたようなものである。この都市がどのような仕組みで日々活動しているのか、どのようにすればその全体像を明らかにすることができるのであろうか。3万人に一人一人電話をかけ、あなたは毎日何をして、何を食べ、どのように生活しているのかと尋ねていくことによって、はたして3

万人という都市全体のアクティビティを明らかにすることができるであろうか。生命科学は、まさにこの大きな挑戦をどのように乗り越えるかという課題に直面している。

第2章

分子細胞遺伝学の基礎

ゲノムの本体がDNAであることが証明され、
その分子構造が解明されたことによって、
遺伝子を分子としてあつかうことができるようになった。
この章では、ゲノム工学技術の基礎となっている
分子細胞遺伝学の基礎知識を説明する。
また、遺伝子の構造と機能についての
今日における理解を要約して、
読者に遺伝子の実像を把握してもらいたいと思う。

5 ゲノムは細胞の核に存在する

生命体としての最小単位は細胞であり、その中の核にゲノムは存在する。したがって、核を取り出してゲノムを他の細胞に移し替えることも可能である。ゲノム以外にほとんど細胞機能を持たないウイルスといった生命体も存在する。

生命体を構成する基本単位は細胞である。ちょうど1軒の家が、台所から風呂や寝室、食堂、トイレまで備えているように、1個の細胞も生命の基本的な働きをすべて備えている。

生命の基本的な働きは、まず第一に自分と同じものを作り、子孫を増やすこと（自己複製）があげられる。細胞は両親から1組ずつのゲノムを受け継いでいる（2倍体）。細胞の複製には、まず父親と母親それぞれのゲノムのレプリカ（複製）を作り4倍体となった後、細胞分裂によって前と同じ1組ずつのゲノム（2倍体）を持つ細胞が2つ生じる。

生命体の第二の特徴としては、自分で新陳代謝を行うことである。細胞は栄養分を取り入れ、エネルギーを獲得し、細胞を一定の状態に保つように自己制御することができる（自律性）。

第三に、生命体は外界に反応することができる。細胞はみな細胞表面に、多数のレセプター

図6　細胞の構造と細胞内小器官

（受容体）を持っており、テレビやラジオのアンテナ、あるいは双眼鏡のように、さまざまな情報を外から細胞内へ取り入れることができる。この結果、細胞は外界の変化に対応して、自らの内部環境を素早く変化させることができるのである（適応性）。

このような細胞の機能を担っているのが、さまざまな細胞内小器官である（図6）。もっとも大切なゲノムは、細胞の核の中に存在する。細胞のすべての活動の源であるエネルギーは、「ミトコンドリア」と呼ばれる細胞内小器官によって、化学エネルギーとして生産される。

リボソームは、核の遺伝子を転写し

たmRNA（第7および12項で詳述）をタンパク質に翻訳する場であり、ゴルジ体は、細胞内から外へタンパク質を分泌する重要な役割を果たしている。リソソームは、細胞内の不要なタンパク質を分解して再利用する役目を担っている。

細胞のレセプターは、細胞の外側をとりまく細胞膜にうめこまれ、あらゆる種類の情報を受け取る。この細胞膜は、細胞内と外の環境をきっちりと区別する重要な〝壁〟である。

細胞を構成する化学物質としては、遺伝子であるDNAの他に、タンパク質が重要である。タンパク質は20種類のアミノ酸が、さまざまな順番に連結されてできるが、その結果として、複雑な機能を持つ多様な分子を作り出す。一般的に言って、細胞の多種多様な生理活性を決めているのはタンパク質であることが多い。多糖類や脂質は構造的な支持体となっている場合が多い。たとえば、脂質は細胞膜を構成する重要な成分である。しかし、糖や脂質がタンパク質の機能制御や細胞内の情報伝達を行う例も少なくない。また、糖はグリコーゲンとして、脂質は中性脂肪として重要なエネルギーの貯蔵体ともなっている。

これらの細胞構造物のうち、遺伝子によって直接その構造が決められているのは、タンパク質だけである。これに対して、多糖類や脂質は、遺伝子によって構造の定められたタンパク質の1つである酵素が、その特異性を発揮して、一定の構造物を作り上げるのである。したがって、多糖類や脂質は遺伝子によって、間接的にその構造が規定されていることになる。

核移植

ゲノムが核に存在することから、１つの細胞から核を細いガラス管で吸い取り、別の細胞に移し替えることによって、細胞の遺伝情報を入れ替えるという実験が行われた。この方法によって驚くべきことが明らかになった。１９６２年、ガードン（J. Gurdon）はアフリカツメガエルの小腸の細胞の核を取り出し、これを卵の核を抜き取ったものに移し替えた。ほとんどの核移植胚はカエルにならなかったが、きわめてわずか（０・１パーセント以下）だが生殖可能なカエルが誕生したのである。

これは、第一に小腸という特別な機能を持つ細胞のゲノムが、カエルという1個体を形成する遺伝情報をすべて備えているということを直接示したものである。つまり、分化の過程で遺伝子を失うことはない。第二に、分化の過程で起きたさまざまな遺伝情報発現の変化は、受精卵の中で再び元のプログラムにもどされ、すべての細胞に分化する能力を獲得することができるのである。この現象はリプログラミングと呼ばれ、ｉＰＳ細胞（後述）の作製原理でもあり、今日その仕組みについて大きな関心が寄せられている（第27項参照）。

ウイルスは生命体か

以上に説明した細胞は、真核生物と呼ばれる酵母から動植物にあてはまることである。多様な生物界には、明確な核構造を持たないバクテリアなどの原核生物も存在する。さて、それでは細胞に感染し増殖するウイルスは生命体と言えるであろうか。ウイルスの種類は非常に多いが、一般にその構造はきわめて簡単である。ウイルス粒子はＤＮＡと数種類のタンパク質、およびこれらを包み込む外套膜（がいとうまく）からできており、細胞内小器官を持たない。

ウイルスは独立に生活することはできず、必ず好みの宿主に感染し、その細胞のエネルギーや代謝能力を利用して増殖する。多くの場合、ウイルスに感染した宿主細胞は破壊される。

この項の冒頭に述べた生物の３つの特性（自己複製、自律性、適応性）のうち、ウイルスは、かろうじて自己複製能力を持つと言えるであろう。ウイルスの遺伝情報は、ＤＮＡの複製酵素と外套膜タンパク質の他に、複製制御に関わるタンパク質の構造と発現様式を決めているにすぎない。

見方によっては、もっとも原始的な生命体とも言えるし、逆に生命体にとって、もっとも大切な自己複製能力以外の不要な部分をなくした、もっとも効率のよい生命体という考えもある。むしろ自己複製に必要な最小限の仕組みを持った物体と言うこともできる。しかし、生物界と無生物界に大きく分けようとするならば、やはり生物に近く、両者の境にある不完全な生命体と見るのが妥当であろう。それはやはり、ウイルスがゲノムを持っているからである。

6　染色体はＤＮＡとタンパク質からできている

ヒトのゲノムは、細胞1個あたり2メートルにもなる。この長さ2メートルの糸は、直径数ミクロンから数十ミクロンの細胞核の中に、糸巻きの芯のようなヒストンタンパク質の周りに巻き付く形で約1万倍の圧縮率で折りたたまれている。細胞分裂のときに染色体として光学顕微鏡で見えるものは、これがきわめて凝縮した形である。

われわれの遺伝子は、ＤＮＡとして細胞核の中に蓄えられている。ただし実際には、糸状のＤＮＡ分子がそのままの形で細胞核の中につめこまれているわけではない。ＤＮＡは染色体という構造体の中に、規則正しく折りたたまれて存在しているのである。

通常の細胞では、染色体は比較的ゆるやかに伸展した形となり、光学顕微鏡で見てもはっきりとした構造体としては観察されず、核の中にＤＮＡとタンパク質の複合体として存在する。しかし、細胞分裂のときには、はっきりと染色体という光学顕微鏡下で見える構造体として凝縮す

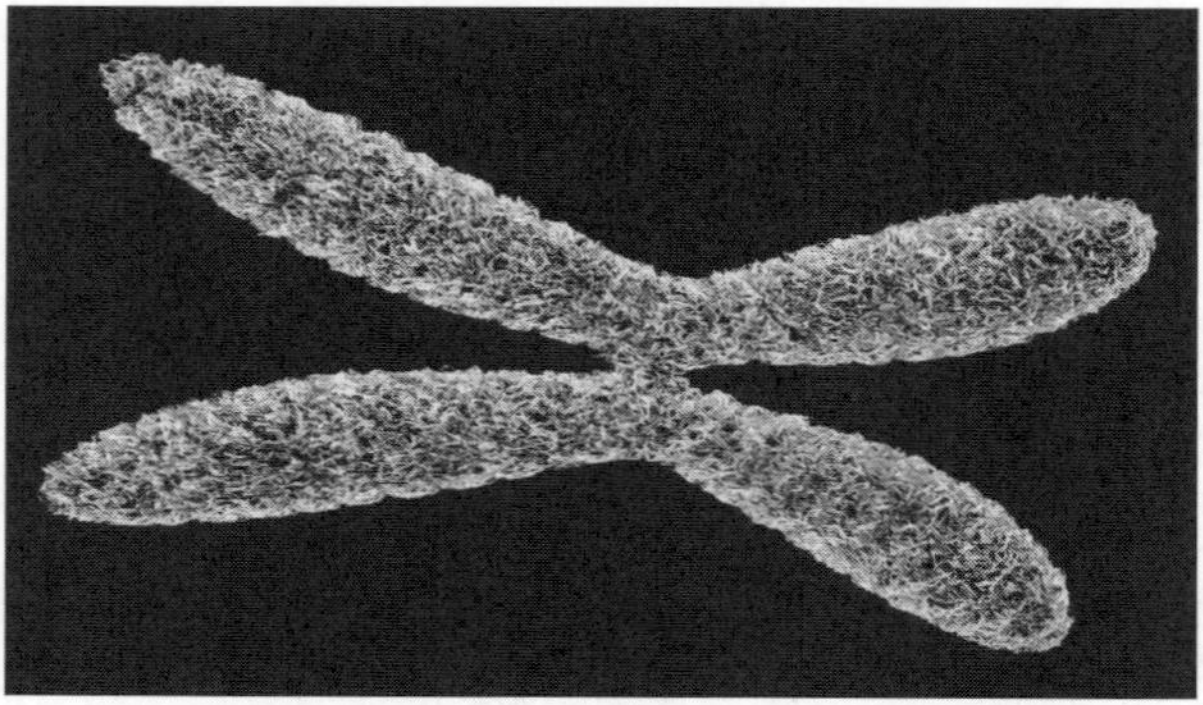

図7　染色体
常染色体の１つ。２つで１対となる。写真は拡大率約１万倍。

る。その結果、われわれのゲノムが父型、母型それぞれ１組ずつの合計２組の染色体からできていることを、はっきりとした形として見ることができる。
　ヒトでは23対の染色体があるが、そのうち22対を「常染色体」と呼び、残る１対を「性染色体（XとY）」と呼んでいる。XX型が女性であり、XY型が男性である。しかし当然のことながら、性を決めているのは染色体ではなく、染色体の中に組み込まれた遺伝子である。したがって、生物の種が変われば、違う染色体の組み合わせによって性決定が行われるのである。

2メートルのひもの謎

　われわれヒトなどの哺乳類の細胞１個が持っているDNAは、約64億（すなわち6.4×10^9）塩基対からなる。塩基対間の距離は3・4オングストローム（Å

と表し、1メートルの100億分の1の長さ）すなわち3・4×10^{-10}メートルである。したがって1個の細胞のDNAを取り出し、23対の染色体から得られたものを、端と端でつないで1本のひもにすると全長2メートルもの長さになる。

いったいどうして、2メートルもの糸を直径わずか数ミクロン（μmで表し100万分の1メートル）あるいは数十ミクロン程度の細胞核の中に折りたたむことができるのであろうか。大雑把に言ってもDNAの糸は、核の中で約1万倍の圧縮率で折りたたまれていることになる。

DNAの糸を巻きこむ糸巻きの芯になるものは、「ヒストン」と呼ばれるタンパク質である。4種類のヒストン（H2A、H2B、H3、H4）が各2個ずつ集まり、ヒストン8分子からなる八量体が形成される。その周りに1・7回巻きでDNAの糸がからまったものが、「ヌクレオソーム」と呼ばれる基本単位となる。図8のようにDNAは、このビーズに糸がついたようなヌクレオソーム構造を、何度もコイル状に折りたたみ、二重三重のコイルとなって、きわめて圧縮した形で核の中に折りたたまれているのである。

大腸菌のような細菌が持っているDNAの全長は約1ミリメートルに達する。では、ヒト1人が持っているDNA全体の長さは、いったいどのくらいになるのであろうか。全身に存在する細胞の総数をおよそ60兆程度と考えると、なんと1200億キロメートルもの長さになる。地球と月の間の距離が約38万キロメートル、地球・太陽間でもたかだか約1・5億キロメートルだか

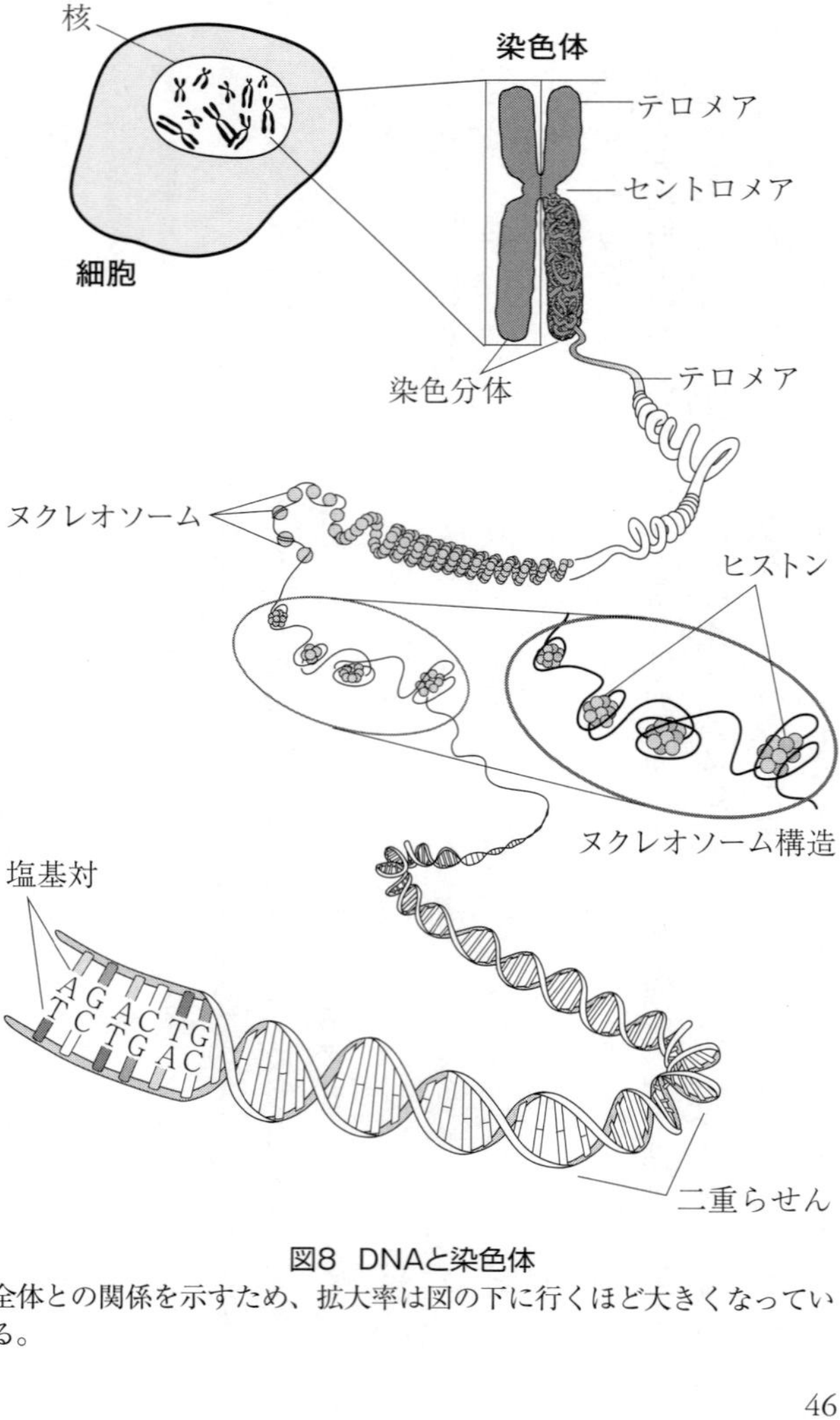

図8　DNAと染色体
全体との関係を示すため、拡大率は図の下に行くほど大きくなっている。

ら、1個体が持っている遺伝物質の量が、いかに膨大かということの一端を物語っている。

7 DNAの構造から何がわかるか

DNAの構造は2本の鎖が絡み合った構造である。2本の鎖を絡み合わせるために、鍵と鍵穴のように塩基が水素結合で手をつなぐ。AとT、GとCという組み合わせである。このために、一方の鎖は他方の鎖の鋳型（いがた）となり、遺伝情報を子孫に正確に伝えることができる。

DNAは、2本のリボンがよじり合わさった長いひものような構造をしている（二重らせんモデル）。しかし細かく観察すると、ひもというよりは〝鎖〟と言ったほうが、より実体に近い。なぜなら、DNAは「ヌクレオチド」と呼ばれる鎖の輪に対応する基本単位が連続的につながった構造をしているからである。ヌクレオチドは、塩基と糖とリン酸が1つずつからなる。

塩基には、A（アデニン）、G（グアニン）、T（チミン）、C（シトシン）の4種類があり、これらが鎖の内側につき出して、2本の鎖をお互いに離れないように、くっつける役目を果たしている。この結合力は「水素結合」と呼ばれる弱い力である。弱い力でも数が多くなると、全体としては大きな力になり、通常の条件では2本の鎖がほどけることはまずない。これをほどくためには、温度を上げる（60～70℃）、アルカリ性にするといったきわめて過激な条件を加えることが必要となる。

4種類の塩基のうち、お互いに手をつなぐことができるのは、塩基の化学構造からAとTか、GとCという組み合わせに決まっている。

糖はデオキシリボースという構造をしている。核酸に含まれる糖は5個の炭素からなっており、そのうちの2番目の炭素に酸素が結合している場合を「リボース」、ないものを「デオキシリボース」と呼んでいる（図4参照）。

リボースは、生命体におけるもう1つの重要な核酸であるRNA（リボ核酸）の構成成分である。生物界には、DNAではなくRNAを遺伝子として持っている生物も存在する。しかし、大部分の生物がDNAを遺伝子として持っているのは、それなりの理由がある。それはRNAに比べてDNAのほうが化学的に安定していて変化しにくいため、生命の設計図としてより適した化学物質だからである。

一般には、RNAはDNAの遺伝情報をタンパク質に表現するときの一時的な中間体であるメッセンジャーRNA（以下mRNAと略記）として、あるいはmRNAをタンパク質に翻訳する粒子であるリボソームの構成成分（リボソームRNA）、また転移RNA（トランスファーRNA、以下tRNAと略記）などに使われる（第11、12項参照）。

リン酸は、マッチに使われるリンの酸化物である。洗剤に入れると、洗浄力は増すが環境汚染を引き起こすということで、多くの人に知られるようになった。リン酸は生命体にとって、きわめて重要な役割をしており、エネルギーの貯蔵や、さまざまな化学物質の生合成中間体として、いたる所で使われている物質である。

このリン酸は遺伝子の中では、ヌクレオチドの鎖の輪をつなぐのりの役目をしている。デオキシリボースと次のデオキシリボースとの間をリン酸でつなぐことにより、DNAの鎖が伸びていくのである。

DNAの二重鎖を大きく眺めてみると、外側の鎖はデオキシリボースとリン酸が交互に連結した均一な構造をしているが、2本の鎖から内側に階段状につき出した塩基の対（AとTまたはGとCのペア）は不規則な順序で配列されている。この塩基対のさまざまな配列にこそ、遺伝情報が刻み込まれているのである。

遺伝情報を決める塩基対

2本の鎖が相互に相手の決まった塩基対で結ばれているということは、一方の鎖の塩基の配列が決まれば、相手の鎖の塩基配列は自動的に決まるということである。つまり、2本の鎖はお互いに相手の〝鋳型〟になっている（この関係を「相補性」と呼ぶ）。したがって、過激な条件を加えて無理に二重鎖をほどいて一重鎖とした（これを「変性する」と称する）後、再び適当な条件に戻して待っていると、一重鎖はもとの相手を見つけて安定した二重鎖を作り上げる。この反応を「会合」または「ハイブリッド形成」と呼んでいる（図9）。

この反応を利用して、ある特定の塩基配列（遺伝子と言ってもよい）を簡単に見つけることができる。ある既知の塩基配列の一重鎖ＤＮＡに蛍光色素、化学発光物質あるいは放射性同位元素（しばしばリン32が使われる）を使って標識をつけておき、未知の検体ＤＮＡとともに変性させて一重鎖にした後、この２つを混ぜてハイブリッド形成反応を行わせる。標識された既知のＤＮＡ鎖は、検体ＤＮＡの対応する一重鎖ＤＮＡとハイブリッド形成を起こす。こうして、標識ＤＮＡが二重鎖になったかを検出することにより、求める塩基配列の有無を知ることができる（図10）。

このようなハイブリッド形成反応の際、外から加える既知の標識されたＤＮＡを「プローブ（探索子）」と呼ぶ。プローブを使ったハイブリッド形成反応は、クローニングやｍＲＮＡの発現解析のために広く応用されている。たとえば、全ゲノムの断片を含む多種類の短い配列を固定化して、ある細胞の全ｍＲＮＡを蛍光標識したものとハイブリッド形成を行わせると、その細胞でどの遺伝子が発現しているか知ることができる（マイクロアレイ法）。

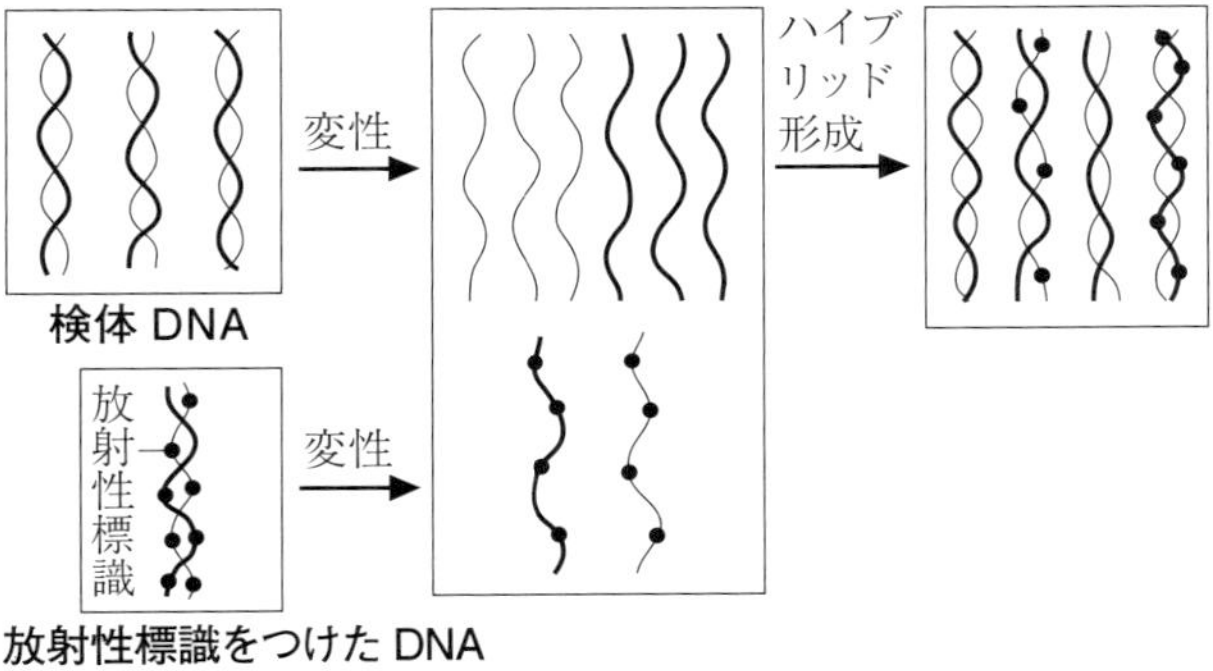

検体DNAと放射性標識（黒丸で示す）をつけたプローブDNAを変性させて混ぜる。ハイブリッド形成反応を行わせると、検体DNA中にプローブと同じ塩基配列のDNAが存在するときは、放射性二重鎖DNAを生じる。

図9　ハイブリッド形成の手順

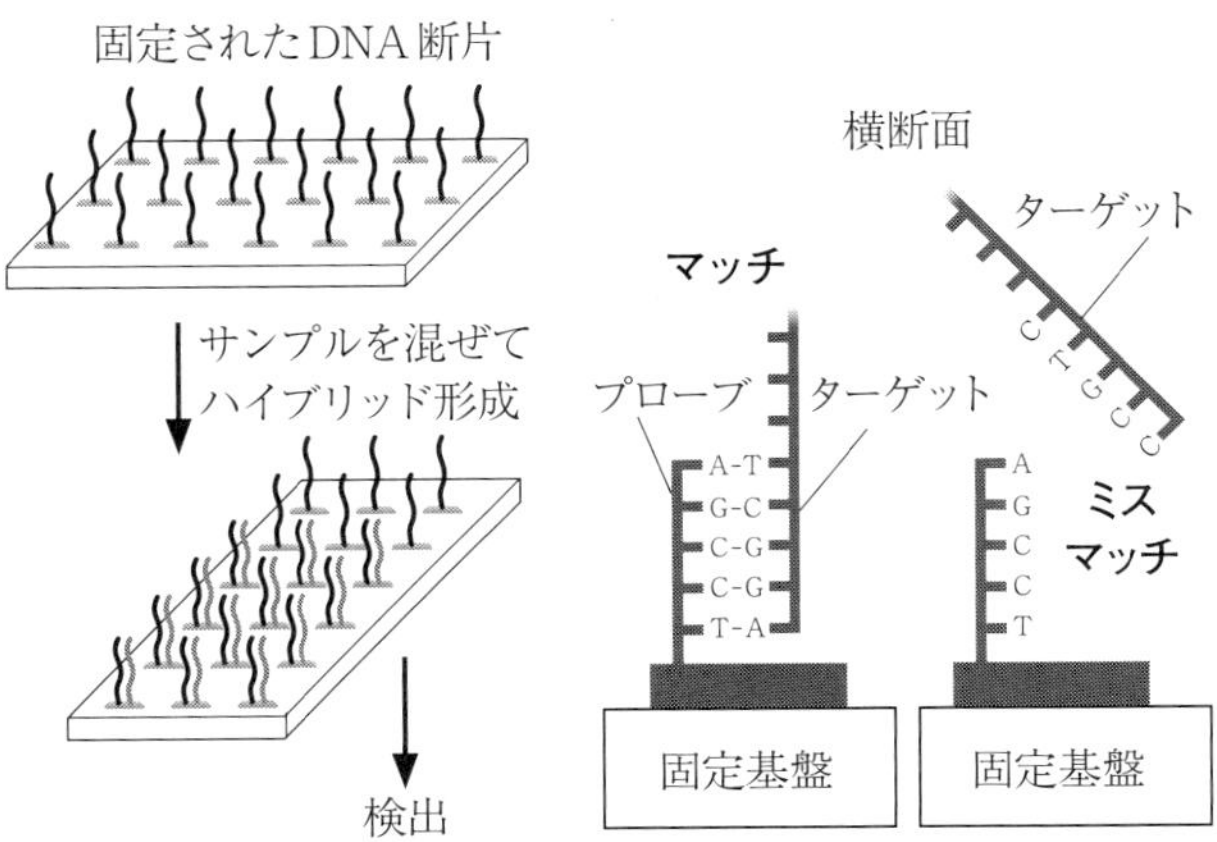

図10　プローブを使ったハイブリッド形成反応（マイクロアレイ法）

8 遺伝暗号の謎解き

遺伝暗号は４種類の塩基の中の３個が並ぶ単語を基本に構成され、この単語は切れ目なく連続して読まれる。１つの塩基でも欠けると以後の暗号がすべて狂ってしまうために、大きな遺伝病の原因となる。

ワトソンとクリックによってＤＮＡの二重らせんモデルが提唱されると、わずか4種類の塩基の配列によって書かれている遺伝言語（暗号）とは何かということが、多くの研究者の興味の中心となった。

ＤＮＡモデルの提唱者クリックは純理論的な考察から、３個の塩基の並びが、暗号の１つの単語を決めるのであろうと推測した。４通りの物を３つ並べることにより、64通りの単語を作ることができるが、２個の並びでは16通りの単語しか作れないからである。

自然界には、20種類のアミノ酸が存在することが知られているので、タンパク質の構造を決める遺伝子の暗号は、少なくとも20種類のアミノ酸の配列を決めるものでなければならない。そのためには、単語としては少なくとも20種類以上が必要とされるからだ。

遺伝の暗号が３つの塩基の配列を単位としていることだけでは、遺伝の情報を理解するには不十分で、暗号の文法がどのように構成されているかが大問題である。単語は切れ目なく続くのか、あるいは単語と単語の間には無意味な間隔があるのか、また64通りの単語がすべて使われているのかなど、さまざまな問題点があった。

したがって、遺伝暗号を決定することは、20世紀の生物学のすべての問題の中でも、研究者の競争心を煽(あお)り立てるもっともセンセーショナルな課題のひとつであった。この重要な問題が解決すれば、生物学の大きな進展に寄与することは誰の目にも明らかであった。また、それによって得られる栄誉に対する多くの研究者の野心も、当然この競争を激化させた。

それらの中でも、ＲＮＡ合成酵素の発見でノーベル賞を獲得していたオチョア（S. Ochoa）のグループと、新進気鋭のニーレンバーグ（M. W. Nirenberg）のグループの間で行われた激烈な暗号解読競争は特に有名である。私の米国国立衛生研究所留学時代の恩師であるレーダー（P. Leder）博士が、ニーレンバーグ研究室の中心人物であったことから、この競争にまつわるエピソードをいろいろ聞かせていただいた。

この競争において両者の決定的な差になったのは、どのようにしてアミノ酸とヌクレオチドの配列との対応を結びつけるか、という方法の違いにあった。勝利を収めたレーダー＝ニーレンバーグのグループは、化学合成によって配列の決まった３つの塩基の重合体と、ｔＲＮＡ－アミノ酸複合体との結合の有無によって暗号の解読を行うという、きわめて明快な方法を採用した。これに対して、オチョア博士のグループは、これより複雑な方法（塩基の混合比を変えて作ったRNAの指令通りに翻訳されたタンパク質を作り、これに取り込まれたアミノ酸の種類の分析からどの塩基の配列がどのアミノ酸に対応するかを推定しようとした）を採用したため、解析結果の分析に手間どり、容易に結論を得られなかったのである。

トリプレットコドンの発見

このような激烈な競争の結果、明らかになった遺伝暗号（「コドン」と呼ぶ）は、3塩基が1単位（これを「トリプレット」と称する）となってアミノ酸に対応し、64通りの単語がすべて使われ、そのうちの1個（ATGの配列）がタンパク質構造の始まり信号であり、一方、終了信号としては3種類があること、さらに、トリプレットの間には区切りがなく、3塩基ずつの枠組みで連続的に遺伝情報が書き表されていることがわかった。また1つのアミノ酸に対して、複数のトリプレットコドンが存在していることも明らかになった（表1、図11）。

遺伝暗号が、3塩基の枠組みで連続的に書かれているということは、もし遺伝子の中で、1個の塩基が欠失したり、または挿入が起こった場合には、タンパク質の構造全体に重大な変異をもたらす結果となることが予測される。事実、このような突然変異を生物に導入する突然変異誘導

コドン*	アミノ酸
AAA	リジン
AAG	リジン
AUG	メチオニン
GGC	グリシン
UCC	セリン
AUC	イソロイシン
UAA	終止

表1　遺伝暗号（トリプレットコドン）の例

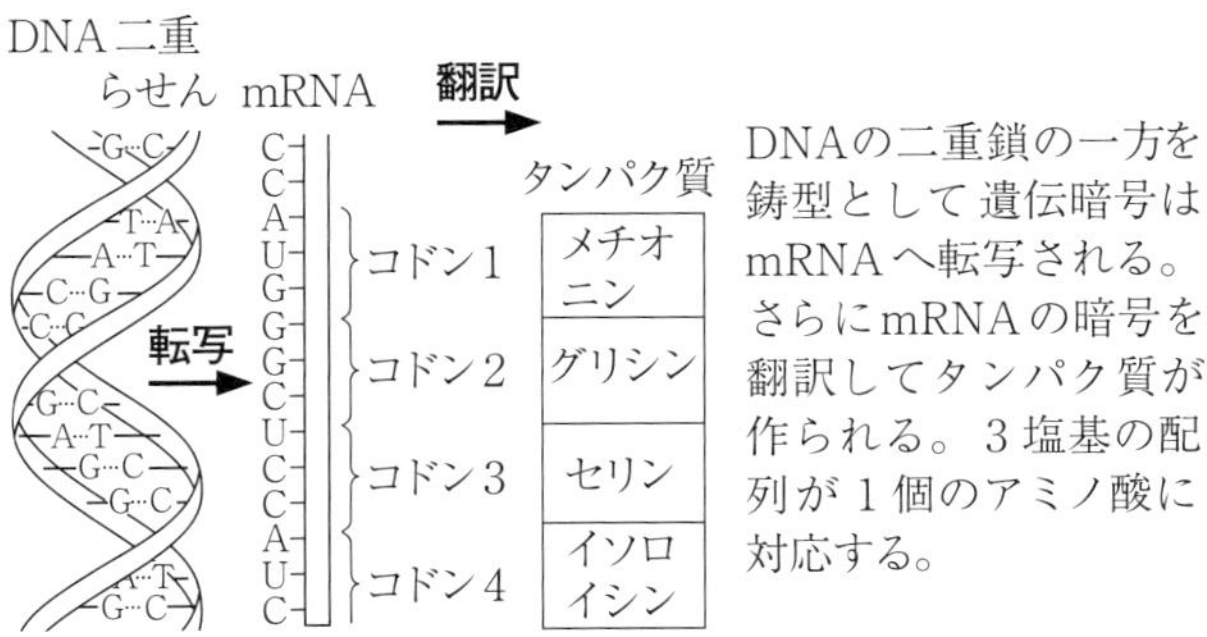

図11　遺伝情報の暗号の発現

物質（これを「変異原」と呼ぶ）が知られており、有名なものとしては、アクリジンオレンジという色素がある。また、1塩基欠失の遺伝病も知られている。多くの発ガン物質は、遺伝暗号に直接あるいは間接的に変化を及ぼす、いわゆる〝変異原物質〟であることが、今日では明らかになっている。

9 遺伝子は寄木細工で作られたか

ヒトの遺伝子には、意味のないイントロン（介在配列）が存在する。このイントロンの起源は、遺伝子進化の過程で、機能を持つ短い単位配列を複数つなぎ合わせ、寄木細工のようにして複雑な機能を持つ遺伝子を作った過程で挿入されたつなぎ部分ではないかと考えられている。これを可能にしたのは、発現段階で不要なイントロンを除く機構、スプライシング反応がＲＮＡに存在したからである。

遺伝暗号は、まず大腸菌を使って解明されたが、やがてこれが高等生物でも、基本的には同じ言葉が使われていることがわかった。このことによって、微生物からヒトのような高等生物にいたるまでの設計図が、同じ約束事によって描かれていることが明らかになり、進化の過程における生命の連続性が、はっきりと立証されたのである。

このようなことから、高等生物の遺伝子も、大腸菌の遺伝子と同じように、ＤＮＡ上の連続した塩基配列単位であろうと考えられていた。しかし、ゲノム工学が確立した１９７０年代終わりに高等生物の遺伝子が次々と単離され、その構造の詳細が明らかにされた結果、多くの人々が予測もしなかったようなことが判明した。

それは高等生物の遺伝子では、最終的にタンパク質に表現される領域（構造配列）の途中に、まったくその機能と関係ないと思われる配列（介在配列）が挿入されているということであった。介在配列は「イントロン」と呼ばれ、構造配列にあたるところは「エクソン」と呼ばれる。なお、エクソンには、5'および3'非翻訳領域と呼ばれるタンパク質に翻訳されないがその制御に関わる領域も含まれる。

イントロンは、ヒストン（第６項参照）の遺伝子などのきわめて少数の例外を除いて、ほとんどすべての高等生物の遺伝子に存在する。また酵母などの下等な生物から広く動植物にいたるまで、有核細胞の遺伝子にはすべてイントロンが存在する。イントロンの数は、多いものでは１個の遺伝子の中に数十ヵ所も存在し、まさに遺伝子はバラバラに分断されている状態にあると言ってもよい。

イントロンは１９７７年に、風邪などの症状を起こすアデノウイルスの遺伝子の中から最初に見つけられたが、まもなく、血色素（グロビン）遺伝子や免疫グロブリン遺伝子など、単離された遺伝子のほとんどすべてに見出されるようになった。イントロンは、先にも述べたように遺伝子がタンパク質に発現されるための直接の情報を、ほとんど持っていないように思われる。そうすると、いったいなぜこのような無駄な塩基配列が、遺伝子の中に割り込んでいるのであろうか。

イントロンは、遺伝子の進化の過程でもともとあったものなのか、それとも後から挿入されたものなのだろうか。微生物の遺伝子とは根本的に違うものが、高等生物に存在する。その起源が何かということは、きわめて興味深い問題である。

この疑問に対して、直接に解答を与えるような実験をすることはきわめて困難である。長い進化の過程で起こったことを、直接再現することは不可能に近いからである。しかし、さまざまな遺伝子の構造を解析し、その相互の比較をすることにより、ある合理的な推論を行うことは可能である。

ギルバートの仮説

ギルバート（W. Gilbert）は、イントロンが見出された直後にきわめて鋭い洞察を加え、魅力的な仮説を提起した。

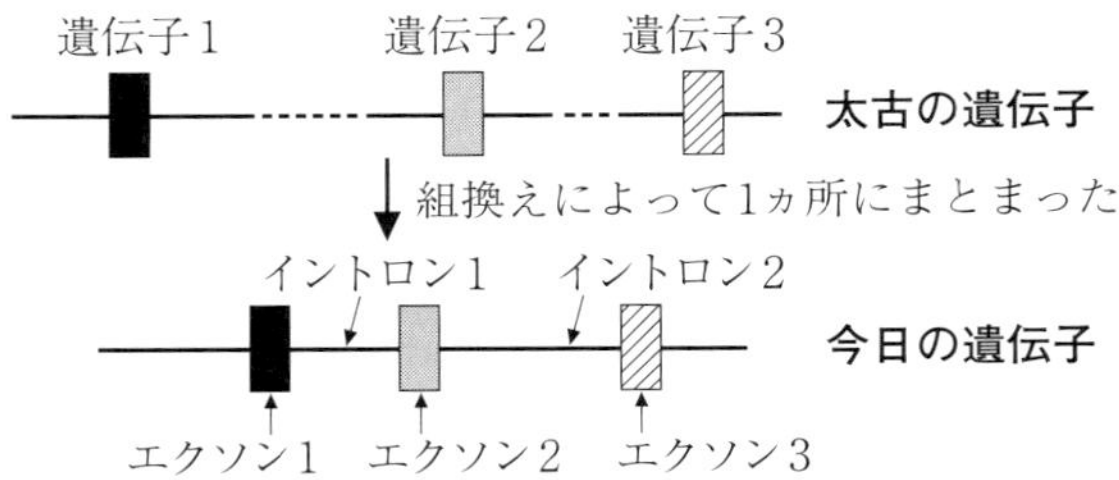

太古においては独立した機能を持っていた3個の遺伝子（1、2、3）がDNAの組換えによって1ヵ所にまとまり、新しい機能を持つ今日の遺伝子になった。今日の遺伝子中のエクソンは太古の独立した遺伝子の名残であり、イントロンは遺伝子の融合のとき取り込まれた周辺DNAである。

図12　遺伝子はエクソンの寄せ集めで作られたとする仮説

彼は、今日、私たちがイントロンと呼んでいる部分は、高等生物の遺伝子が進化していく過程で取り込んだ、遺伝子の機能単位配列の周囲の塩基配列であろうと考えた。

進化の過程で、イントロンで両端を区切られたような短いエクソンの単位が重複を重ねたり、あるいは組換えによって異なるエクソンが近くに引きよせられたりした結果、異なるエクソンがいくつもつながった新しい遺伝子として作り上げられたものが今日の高等生物の遺伝子なのであろう。このような過程で、エクソンとエクソンの間には取り込まれた周囲の塩基配列が残り、今日のイントロンとなったのではあるまいか。これがギルバートの推論である（図12）。

その後の多くの研究は、この考えが、原則的にほぼ正しいことを示している。1つの遺伝子は、いろいろな部分の機能を分担した単位の〝寄木細工〟のようにして作られ、全体としては一見まったく違った機能を持つ遺伝子に進化したと考えられるのである。

たとえば、コレステロールの輸送に関与しているＬＤＬ（低比重リポタンパク質）受容体の一部のエクソンは、ＥＧＦ（上皮細胞増殖因子）遺伝子とよく似ている。また、抗体である免疫グロブリンＨ鎖（重鎖。抗体は重鎖と軽鎖各２本からなる）の定常部には、「ドメイン」と呼ばれる構造的また機能的な単位が４個繰り返して存在する。この４個のドメインが、それぞれ１個のエクソンによって構造を決められており、タンパク質の構造上の区切りのところにイントロンが挿入されている。このことを逆に考えるならば、元の遺伝子は、ドメインが１個のものであったのであろう。事実、免疫グロブリンのＬ鎖（軽鎖）の定常部遺伝子はドメインが１個である。やがて、このドメインが重複を繰り返し、たくさんのドメインを持つ、より高次の機能を発揮できる遺伝子へと進化していったと考えられる。

さらに言えば、原始の生命体はすべてイントロンを持っていたが、微生物ではＤＮＡ複製の速さを増すために無駄なイントロンをどんどん省いてしまい、今日のような単純な形の遺伝子に変わったのではないか。

このように考えてみると、高等生物の遺伝子には、１個の遺伝子の中に、遺伝子誕生にいたる長い過去の歴史をうかがわせる構造が秘められていることになる。

10 ゲノム情報に含まれる未知のもの

64億の塩基対のうちのどれだけが実際に設計図としての機能を持つのであろうか。タンパク質の構造を決める遺伝子を中心に考えていたつい最近まで、その割合はたかだか10パーセント程度と思われてきた。ところが、最近ゲノムのさまざまな部位から大量のＲＮＡが作られていることがわかり、またこのＲＮＡが遺伝子の発現制御に関わることが明らかとなって、ゲノムにはまだ未知の情報が含まれていることがもはや自明のこととなった。

遺伝子とは、1つの機能を持った遺伝情報の単位である、と定義することができる。ここに言う1つの機能とは、一般的にタンパク質またはＲＮＡの構造を決めることである。遺伝子はエクソンとイントロンとから成り立っていることは、先に述べたとおりである。この他に遺伝子の転写や翻訳の機能発現を調節する制御配列が、エクソンの上流（転写のスタートする位置）、下流（転写が終了する位置）、またはイントロンの中に存在する。

制御配列は、この遺伝子が、いつどこで発現されるべきかについて、他の遺伝子からの指令を伝える調節物質が認識する領域である。また転写が終了する位置である下流には、この遺伝子の機能単位の終わりを示す領域も存在する。このような制御配列、エクソンおよびイントロンを含めて、1つの遺伝情報の単位、すなわち遺伝子が作られているのである。

私たちの細胞中の長さ2メートルにも達するDNA、すなわちゲノムのうち、遺伝子が占める領域は、きわめて小さい。

たとえば、私たちが研究したネズミの免疫グロブリン遺伝子の例では、20万塩基対にわたる領域の中に9個の遺伝子が存在した。1個の遺伝子はイントロンを含めて約2500塩基対であるから、DNAのおよそ10分の1程度の領域が、遺伝子によって占められているにすぎないのである。

「遺伝子は、砂漠の中のオアシスのごとく点在する」という表現は、シティ・オブ・ホープ研究所にいた故大野乾（すすむ）の言葉である。遺伝子構造の詳細が明らかにされるまで、われわれ高等生物のDNAの中に無駄な領域が存在するということは、なかなか受け入れられなかった。これは「神は無駄なものを作りたまうことはない」という信仰に近い確信から、多くの遺伝学者を悩ませた論争であった。

しかし大野乾は、非常に早い時期から、DNAの大部分は〝がらくた（ジャンク）〟であるという表現で、自然界には無駄な要素がたくさんあることを指摘していた。

種	DNA 含量 (10^{-12}グラム／細胞)	ヒトを１としたときの相対比
T2ファージ	0.0002	0.000034
大腸菌	0.0047	0.00081
酵母	0.043	0.0074
ミドリムシ	2.52	0.43
クラゲ	0.66	0.11
ウニ	1.4	0.24
ショウジョウバエ	0.33	0.057
カニ	1.98	0.34
ニシン	13.7	2.36
マス	4.90	0.84
肺魚	247.8	42.7
カエル	15.6	2.69
イモリ	90.0	15.51
ニワトリ	2.4	0.41
マウス	6.0	1.03
ヒト	5.8	1.0

（注）ファージ、大腸菌、酵母、ミドリムシ以外は２倍体

表2　生物のDNA含有量

設計図の余白

もし、すべてのＤＮＡが遺伝情報を持っており、細胞が持っている大量のＤＮＡは、生命体の複雑な機能を刻み込むために必要なものであるという考えに立つと、さまざまな矛盾が生じる。

たとえば、表２にあるように、肺魚やイモリはヒトの10倍以上という大量のＤＮＡを持っている。今日では、爬虫類や両生類が持っているＤＮＡの大部分は、おそらく意味のない単純な塩基配列が反復したものであ

ろうということが明らかになっているが、ヒトの場合は、もっとも高等な生物であるという確信と、生命には無駄がないという信仰とを矛盾なく説明することは容易ではなかったのである。

大腸菌のような微生物のゲノムには、ほとんど無駄がない。イントロンもなく、遺伝子と遺伝子は、踵（きびす）を接するようにコンパクトに作られている。だからこそ、ヒトの１０００分の１にすぎないゲノムの大きさで、生命維持に必要な最小限の情報をまかなうことができるのであろう。微生物のような原核生物は、ゲノムの大きさを小さくすることによって複製に必要な時間をできるだけ短くし、早く増殖できるものだけが生存競争に勝ったのであろう。

一方の真核生物では、子孫を生むのに必要な時間は長く、細胞分裂を急速に行うことは、それほど重要なことではなかったのであろう。むしろ、エクソンのつなぎ換えや遺伝子重複、あるいは遺伝子が染色体上の位置を変える転座などによって設計図に大幅な手直しを行い、次第に高次の機能を獲得していくことのほうが大切だったのではあるまいか。

このような設計図の変更には、大きな〝余白〟が必要であることは言うまでもない。イントロンや遺伝子間の意味のないＤＮＡなどは、一見、まったくの無駄のように見えるが、実はこの余白こそ、高等動物の進化にとって不可欠なものであり、また生命が未来へ発展することを保証するものではあるまいか。

ジャンクが転写される

　ところが、ごく最近とんでもないことが明らかになった。発現されているＲＮＡの広範な塩基配列解析から、役に立たないＤＮＡ領域だと思われていた部分が、ＲＮＡに転写されていることが明らかとなったのである。とりわけこの中でも、分子量の比較的小さな（20～30塩基）「マイクロＲＮＡ」と呼ばれる一群のＲＮＡはヒトで千数百種類存在し、それがｍＲＮＡの翻訳や転写の制御に関わっていることが明らかになった（図13）。これらのＲＮＡはイントロンと思われていたところから転写されていることもあり、われわれのゲノムの中には、まだ隠された情報がたくさん眠っていることが明白となった。ゲノムの全塩基配列の解読によって、われわれは町の電話帳を全部手に入れたと思っていたが、実は、携帯電話が登録されていなかった状況かもしれない。ゲノムの謎解きへの挑戦はまだまだ奥が深い。

11　ゲノム情報のコピー（転写）によるmRNAの生成

ＤＮＡの上に刻み込まれた遺伝情報は、まず同じ核酸であるＲＮＡにコピーされる。このとき、ＤＮＡのコピーからタンパク質を作るのに不要なイントロンを除くためにスプライシングが起こ

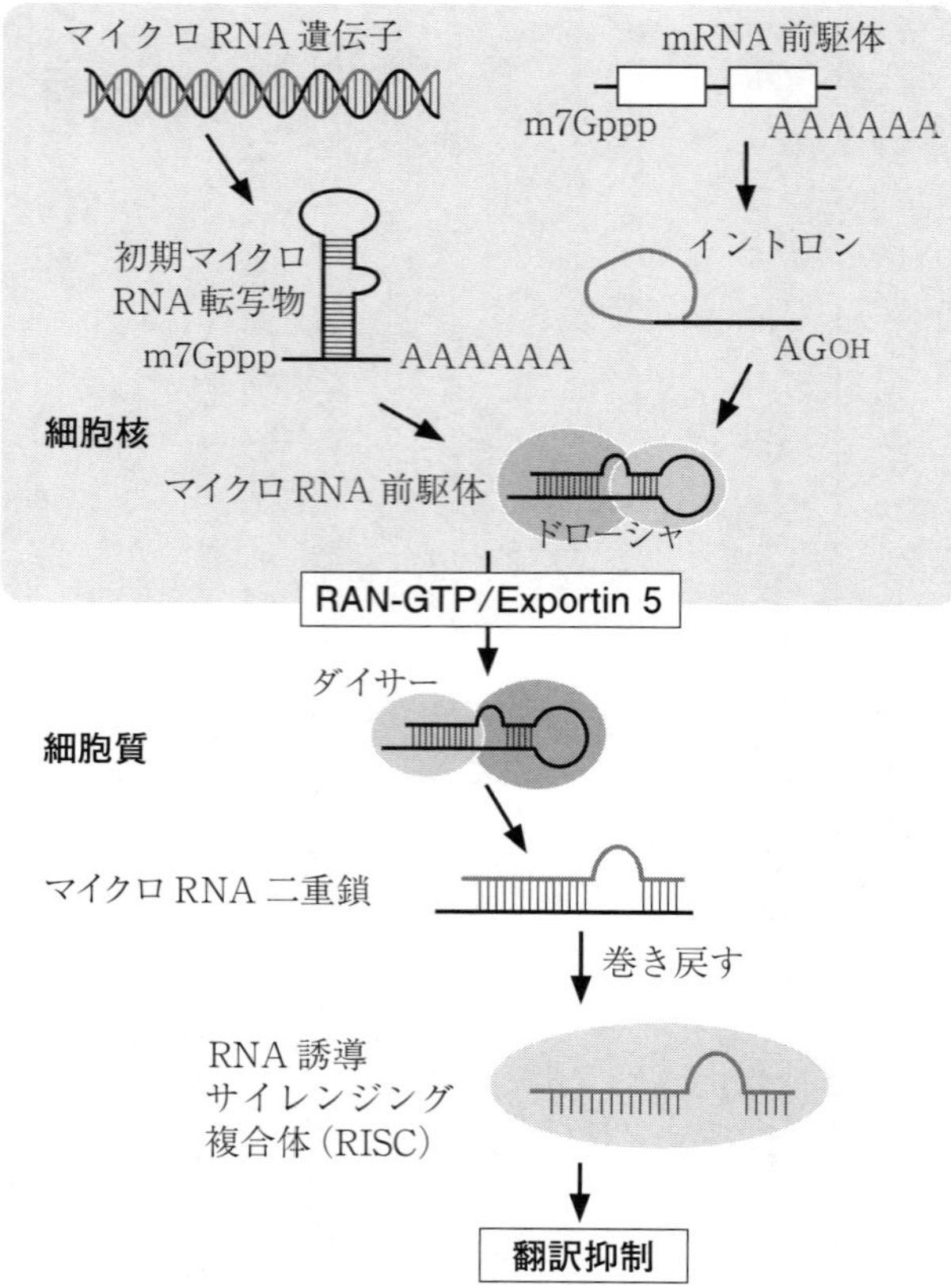

図13 マイクロRNAの生成と機能（出典：BONAC CORPORATION）

り、mRNAが生じる。スプライシングは、RNA自身の触媒機能によって行われることが明らかになり、RNAは情報と触媒の機能を担った原始生命体のゲノムではないかと考えられている。

DNAの二重鎖のうち、通常は一方だけが意味のある情報を持っているので、遺伝情報はDNAの一方の鎖を鋳型としてRNAへと写し換えられる。この過程を「転写」と呼んでいる。RNAは基本的にDNAとほとんど変わらない構造をしている。違いと言えば、T（チミン）の代わりにU（ウラシル）を使っていることと、糖鎖がデオキシリボースでなく、酸素が1つ余分についたリボースであるところだけなので、転写とは、まさにDNAの遺伝情報を少し材質の違ったテープに写し換えるのと同じ仕事である。

コピーは制御配列によって決められた開始部位（いわゆる上流）から始まって、エクソン、イントロンの区別なく連続して進み、終止部位（いわゆる下流）で止まる。この写しは、AとT（U）、GとCという手をつなぐ相手（塩基対）を選びながら、RNA合成酵素が、ひとつひとつ塩基を並べて連結していくことによって行われる。

コピーをしながら、遺伝情報としては無意味なイントロンを取り除き、エクソンだけをつなぎ合わせるテープの〝編集〟が同時進行する。これはきわめて無駄の多い仕事である。1個の遺伝情報から何千何万という写しが作られる。その1枚1枚の写しについて、はさみとのりで情報を

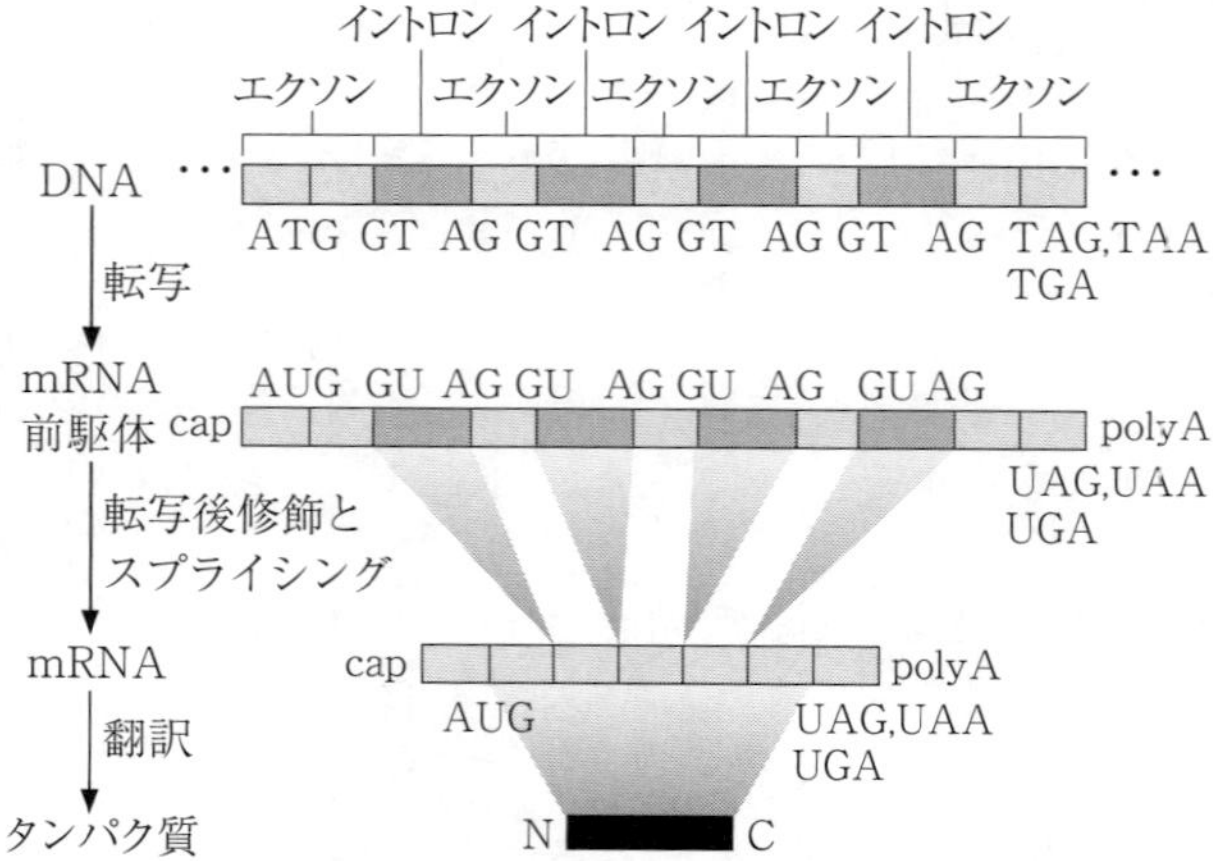

図14　遺伝情報の転写とスプライシングの仕組み

つなぎ換え、すぐに役に立つテープに作り変えなければならないからだ。こうやってできた役に立つ情報が、ｍＲＮＡ（メッセンジャーＲＮＡ）と呼ばれるものである。ｍＲＮＡは核から細胞質へ輸送されてタンパク質に翻訳される（図14）。

イントロンが発見されて以来、多くの研究者にとってきわめて興味深い問題は、いったいどのようにして遺伝情報にとって無意味なイントロンをきれいに取り除くことができるのか、という謎であった。もしこのとき、１つでも塩基がずれたならば、せっかくのコピーが台無しになってしまう。したがって、このつなぎ換えは、きわめて正確に行われなければならない。

そのためには、つなぎ合わせの部位に、き

ちんとした一定の法則を持った塩基の配列でも存在すればわかりやすいのであるが、今日までのところ、たくさんの遺伝子の構造を比較してみても、何ら共通のつなぎ合わせ認識配列というのは存在せず、わずかにイントロンの上流側にGT、下流側にAGという配列が、常に存在することが明らかになっただけである。

最近の研究によれば、このRNAの編集機構（スプライシング）の分子機構は、RNAとタンパク質のきわめて複雑な複合体によって行われることが明らかになった。注目すべきことは、転写によって作られたイントロンの中に、つなぎ換えを起こさせるに都合のよい構造が隠されていること、またスプライシングを行うタンパク質とRNAの複合体（スプライソソーム）の中で実際のRNA切断を行うのはRNA分子であるということである。このことは、RNAが情報担体であると同時に、触媒機能を持つ分子であるということを示している。この発見は、ライボザイムと名付けられ、おそらく太古の生命体は情報機能と触媒機能を兼ね備えたRNAをゲノムとして生じたのではないかという仮説の根拠ともなっている。

生命体の誕生にとって情報が先か触媒が先かという永い論争は、両者の機能を兼ね備えたRNAが原始生命体のゲノムとして生じたという答えでほぼ結着した。今日、遺伝子のほとんどはDNAであるが、太古においてはRNAを遺伝子系として持つ生物が主流だったのではないかと推測される。しかし、RNAは化学的に不安定なために、やがてDNAに置き換えられていったのではあるまいか。
最初のコピーから完成されたmＲＮＡになるためには、スプライシングに加えていくつかの修飾が必要である。たとえば、ＲＮＡの頭に〝帽子（キャップ）〟をかぶせたり、その下流にＡを何十も連続した〝尻尾（ポリＡ）〟をつけたりする必要がある。このような修飾は、できあがったコピーを長持ちさせたり、次のステップである翻訳を効率よくさせたりするために必要なものである。

12 ゲノム情報のタンパク質への翻訳

遺伝情報は塩基の配列で書かれているので、これを生理機能を持つタンパク質に翻訳するために20種類のアミノ酸の並びに変える必要がある。この情報の翻訳におけるアミノ酸連結反応を行うのがＲＮＡであるということが明らかとなり、太古の生命の進化がＲＮＡを中心に行われたことがさらに確かになってきた。

４種類の塩基を３つ並べた１単位を単語として書かれた遺伝情報は、前項で述べたように、まずmＲＮＡに転写される。次いで、最終的に機能を持つ物質であるタンパク質になるためには、

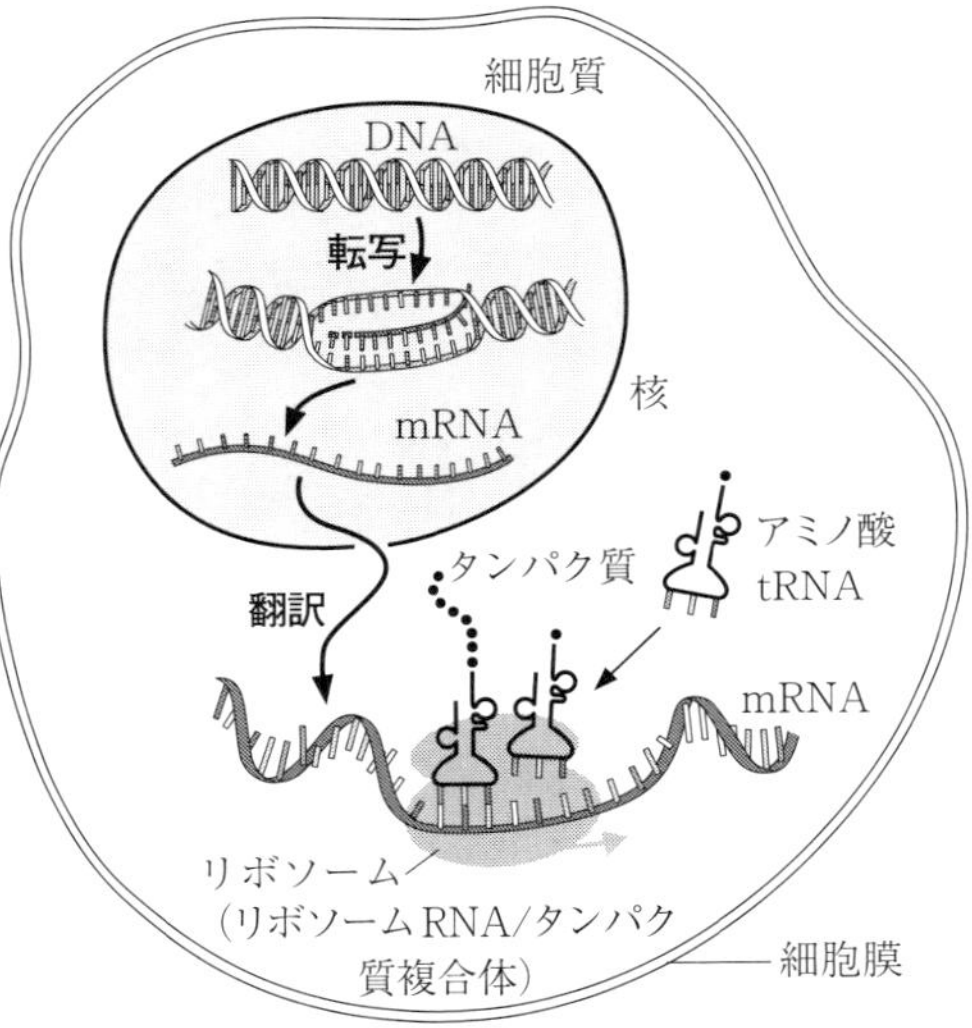

DNAの遺伝情報は、まず転写によりmRNAにコピーされる。mRNAは核から細胞質に輸送され、そこでリボソームの働きでタンパク質に翻訳される。mRNAのコドンはアミノ酸－tRNAの持つアンチコドンに対応することで、塩基配列をアミノ酸配列に変換する。

図15　細胞内でのタンパク質合成過程（National Human Genome Research Instituteより）

遺伝情報の質的な転換が必要である。すなわち塩基の並びを、アミノ酸の並びに翻訳しなければならない。

情報の質的な転換を行うために、コンピューターではインターフェースが必要とされるように、生命体の中でも〝アダプター〟が使われる。このアダプターにあたるのが、一方の端に遺伝暗号トリプレットコドンと手をつなぐ塩基の配列（これを「アンチコドン」という）を持ち、一方の端にアミノ酸をくっつけたＲＮＡで、「ｔＲＮＡ（トランスファーＲＮＡ）」と呼ばれるものである。ｔＲＮＡは比較的小さなもので、約90個のヌクレオチドがつながったものである。１つの暗号につき1個のｔＲＮＡが対応して存在する。終止暗号には対応するｔＲＮＡがない。

ｍＲＮＡとアミノ酸つきｔＲＮＡとを照らし合わせて、アミノ酸を暗号通りに並べてつなぎ合わせていく「リボソーム」という複雑な装置が存在する。リボソームは3種類のＲＮＡと約70種類のタンパク質が結合した非常に大きな粒子である。

この粒子は、アミノ酸とアミノ酸の間にペプチド結合を作らせる酵素であると同時に、ｍＲＮＡに合わせて、次々に新しいアミノ酸－ｔＲＮＡと作成途上のアミノ酸の重合体－ｔＲＮＡを正しい順番に配置していく装置である。大変興味深いことは、この粒子上でアミノ酸同士を結合する活性は、リボソーム中のＲＮＡが担っていることである。前述のスプライシングにおけるＲＮＡの触媒活性と合わせ、太古にＲＮＡが生命活動の基本物質であったことをうかがわせる。

こうしてできあがったアミノ酸の重合体（ポリペプチド）、すなわちタンパク質は、立体的に折りたたまれていちばん安定した姿となる。タンパク質のうち大部分は、細胞内で働く酵素、あるいはアクチンのように細胞の構造維持に役立つものであるが、なかには細胞の外に分泌されるホルモンや抗体のようなタンパク質もある。

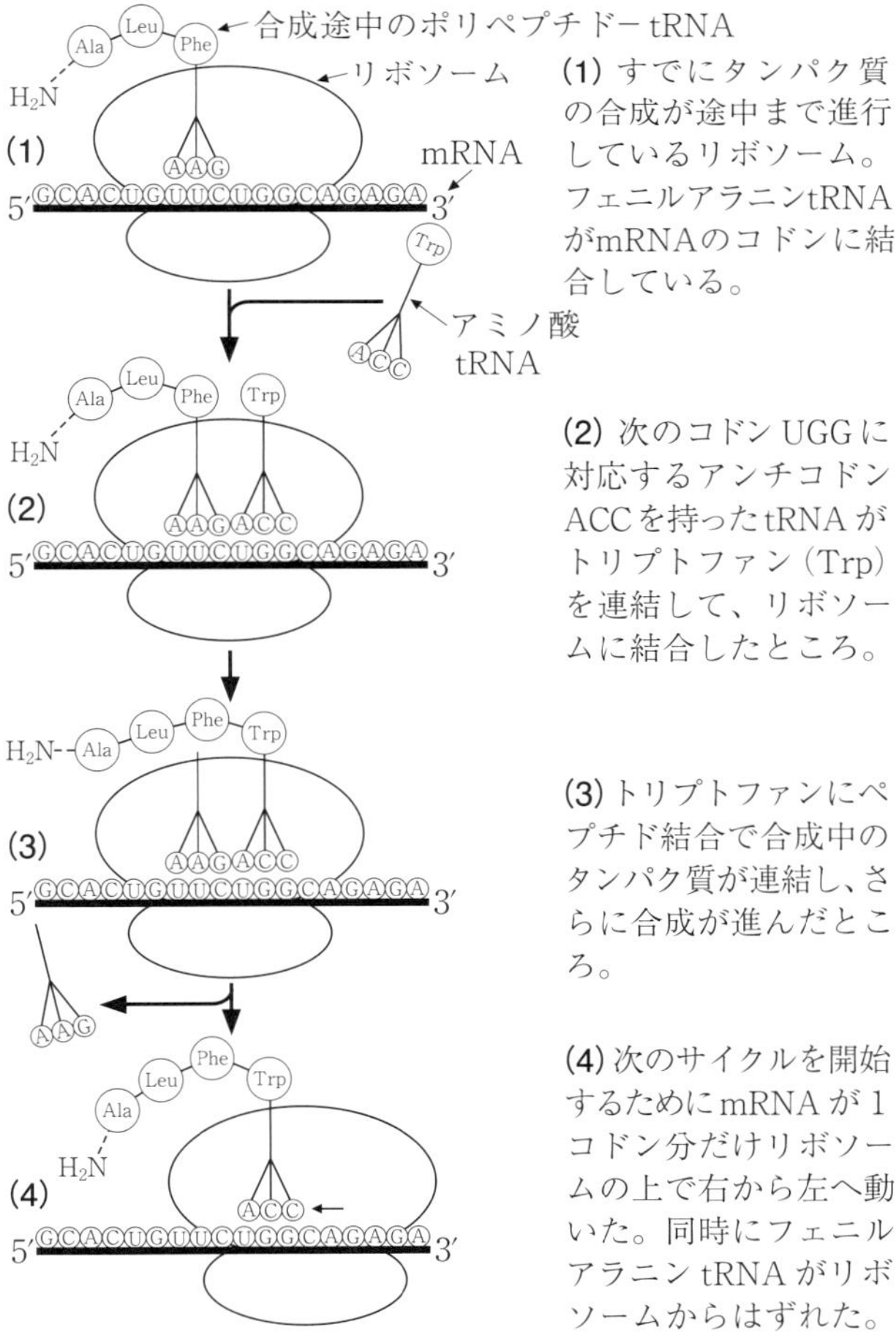

合成途中のポリペプチド－tRNA
リボソーム
mRNA
アミノ酸
tRNA
Ala
Leu
Phe
Trp
H_2N
(1)
(2)
(3)
(4)
5′
3′
GCACUGUUCUGGCAGAGA
AAG
ACC
(1) すでにタンパク質の合成が途中まで進行しているリボソーム。フェニルアラニンtRNAがmRNAのコドンに結合している。
(2) 次のコドンUGGに対応するアンチコドンACCを持ったtRNAがトリプトファン（Trp）を連結して、リボソームに結合したところ。
(3) トリプトファンにペプチド結合で合成中のタンパク質が連結し、さらに合成が進んだところ。
(4) 次のサイクルを開始するためにmRNAが１コドン分だけリボソームの上で右から左へ動いた。同時にフェニルアラニンtRNAがリボソームからはずれた。

図16　遺伝情報を翻訳する仕組み

分泌されるタンパク質には疎水性（水をはじく性質）のアミノ酸が20個程度連続した「シグナルペプチド」と呼ばれる領域が存在するので、この部分を先頭にして脂質に富む細胞膜を通過し、細胞外に出るものと思われる。また、一部が細胞の外に顔を出し、一部が細胞内に残るレセプター（受容体）の場合は、シグナルペプチドの他に、もう1つの疎水性の領域が存在して膜貫通領域となる。

分泌されるタンパク質は、いったんゴルジ体の中で糖鎖をつけたり、複数のタンパク質が結びついて大きな分子になったりする「修飾」を受けることがしばしばある。修飾とは逆に、タンパク質が特定の部位で切断されることによって、初めて機能を発揮するようになる例も少なくない。たとえばインシュリンは、1本のポリペプチドが切断されα鎖とβ鎖が生じることによって完成されたホルモンとなる。

以上のように、遺伝情報の流れは、核における転写とスプライシング（つなぎ換え）などのRNAの修飾を経てから、細胞質における翻訳とその後のタンパク質の修飾という道筋を通って完結する。

情報発現の調節は、一般的には転写の段階が主であるが、翻訳段階でも起こる。近年、マイクロRNAがmRNAに結合することにより翻訳の抑制や、ときには促進を行うことが示された。この仕組みの解明は、目下生命科学の中心的課題のひとつである（第10項参照）。

13　ゲノム情報の間違いが進化の母である

ゲノム情報は子孫に正確に伝えられる必要があるが、もしまったく誤りがなければ太古の生命体が今日にもそのまま存在したか、環境変化に適応できず生命体が滅んでいたかである。間違いが起こることがすなわち進化の原動力であることに気がつくと、生物の柔軟性を実感することができる。

生命体が自己複製するためには、当然のことながらゲノムのレプリカ（複製）が必要である。ＤＮＡの構造は2本の鎖が互いに相手の〝鋳型〟となっているために、レプリカを作りやすい。ＤＮＡの鎖の糖とリン酸の骨組みには方向性があり（5'→3'と3'→5'）、2本の鎖は逆向きのものどうしが塩基の手をつなぐことができる。

ＤＮＡの複製は、2本の鎖をチャックを開くように引き離しながら、それぞれに自分を鋳型として、ぴったりとはまり込む相手を作る形で、2組の二重鎖ＤＮＡを作り上げる方式で行われる。できあがった2組の二重鎖は、それぞれのうちの1本の鎖が新しく作られたものである。この作業はきわめて複雑な化学反応であり、ＤＮＡの複製に関与する酵素は20種類以上にものぼる。この中でもっとも大切な酵素は「ＤＮＡ合成酵素」と呼ばれ、これは常に5'→3'という決まった一方向にだけ、ヌクレオチドをつなぎ合わせて鎖を伸ばすことができる。

ところが、今述べたように、2本の鎖は反対方向を向いて、お互いに手をつなぎ合っている。ＤＮＡの複製のためには、互いに逆方向の鎖を2本作ることによって2組の二重鎖を作ることができる。一方向にだけ働くＤＮＡ合成酵素でこんなことをするのは、不可能に思えた。したがって、どのようにして逆向きの鎖を作るのかということは、今から50年前の分子生物学にとって大きな謎であった。

この問題に挑戦し、見事に解決を与えたのは、当時、名古屋大学分子生物学研究施設にいた故岡崎令治である。彼は、ＤＮＡ合成酵素を発見したコーンバーグ（A. Kornberg）研究室から帰国後、当時のきわめて乏しい研究費と不十分な研究施設の状況下に置かれながらも、ＤＮＡの合成が一方の鎖では不連続的に起こるということを見事に証明したのである。

岡崎フラグメント

1本のＤＮＡは、鋳型の二重鎖をほどきながら連続的に合成される。ところが、逆方向の鎖の合成は二重鎖がほどけた領域で、二重鎖がほどけていく進行方向とは逆向きに（ということはＤＮＡ合成酵素の進む方向に）、短いＤＮＡが合成される。二重鎖がさらにほどけていくと、また

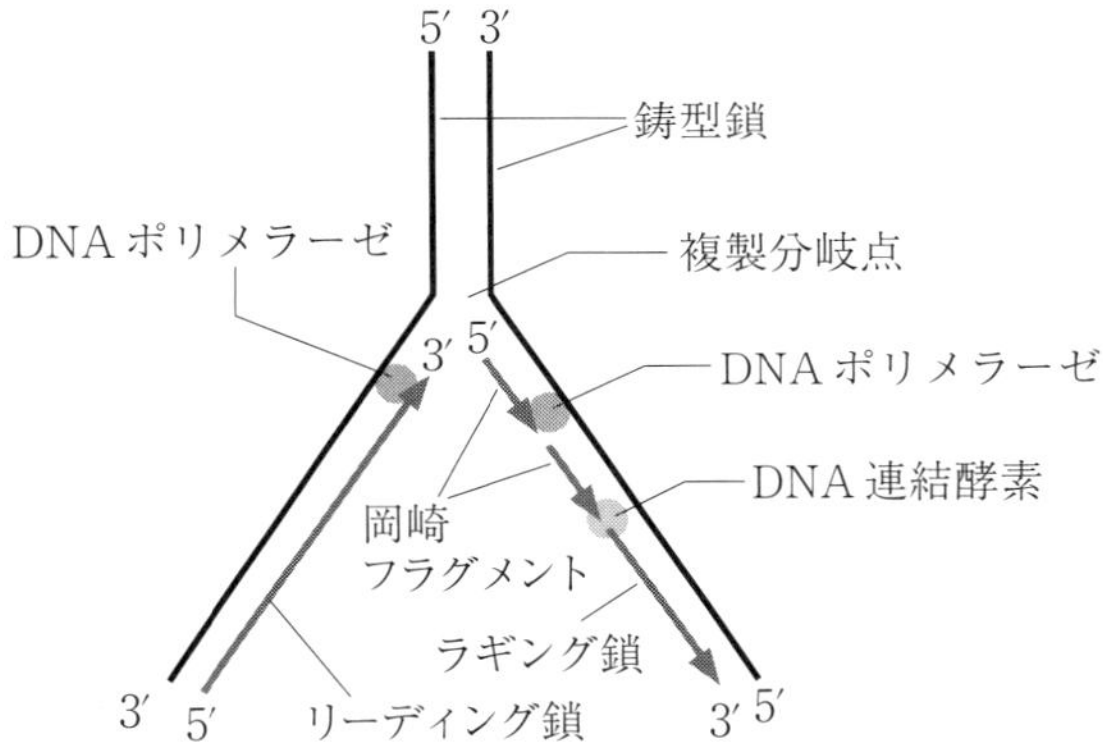

図17　岡崎フラグメントによるDNAの不連続複製

DNAポリメラーゼは5'から3'方向にしかDNA合成を行うことができない。リーディング鎖では連続的合成が行えるが、反対のラギング鎖では不連続な短いDNA合成を繰り返し行い、あとからリガーゼで連結して長いDNAが完成する。

新しい短いDNAが合成され、やがてこれらがつなぎ合わされて、完全なDNAになる。この短い一時的に作られるDNAは、岡崎令治の名をとって「岡崎フラグメント」と呼ばれている（図17）。

ゲノムの複製にとって大切なことは、正確なレプリカを作ることである。設計図に誤りがあっては、生命に関わるからである。しかし、もし親から子への遺伝情報の伝達が、常に完全無欠に正しく行われていたとするならば、私たち人類はこの地球上に存在しなかったであろう。なぜなら、地球上に最初に誕生した原始的な生命体から次第に設計図に変化が加えられることによって、次々に新しい生命体が生じ、今日にいたる進化が進行したからである。このことは、レプリカが作られるときに、ある頻度で「変異」が加えられるということに一部起因している。

変異とは、遺伝子の塩基配列が、さまざまな理由によって置き換えられることである。そもそもDNAの複製に関与するDNA合成酵素自身が、ある頻度で間違いを起こすことが知られている。およそ自然界に完全無欠というものなどありえない。

ところで、このような間違いは、温度が上がれば上がるほど頻度が上がる。このため、男性の生殖細胞を作る器官は、非常に精巧な〝ラジエータ〟を装着していて、なるべく温度を下げるように作られているのだという俗説が生まれたくらいである。

変異が導入されるもうひとつの要因として、DNAの修復過程がある。DNAは、さまざまな原因で損傷を受けることがある。自然界に常に降り注ぐ宇宙線などの放射線は、塩基に化学的変化をもたらすことがある。発ガン物質として知られている化学物質は皆、DNAの塩基に修飾を加える。このような化学変化はゲノム情報そのものの損傷であるから、細胞としては大至急に修復をしなければならない。

不幸にして、修復の機構は急を要するために、複製の機構よりも誤りをおかしやすい。変異が生殖細胞に起こった場合は、その変異が子孫に伝わることとなる。生命にとって有害でない限り、ある変異を持った遺伝子が種の中の個体に広がる可能性があり、それが進化の一因となる。

特に、その変異が与えられた環境やその変化に適応しやすい形質を生み出す場合は、ダーウィンの原理によって種の個体間に広がり共有される。しかし、新しい種を生み出すのに要する変異がどの程度の規模で起こるのか、またその選択の仕組みが何かはまだ明らかでない。

14 兄弟はなぜ異なるのか

兄弟が違うのは、もちろん持って生まれたゲノムが違うからである。このゲノムの違いは、精子や卵子を生む過程で両親からの染色体の組み合わせが変わることと、染色体交叉による非常にダイナミックな相同染色体の間での遺伝子の混ぜ換えが行われることで生じる。また、この混ぜ換えによって生命の進化が大きく進んだと考えられる。

同じ両親から生まれたのに、なぜこうも兄と弟は違うのかと考えさせられる例は多い。理由は言うまでもなく、持っているゲノムが異なるからである。その理由は、有性生殖の仕組みにある。

子孫を増やす自己複製の仕方には、無性生殖と有性生殖とがある。無性生殖は細菌のように分裂していくことによって、自分と同じ生命体を作り、その数を著しく増やしていく。一方、有性生殖は、体細胞のように2組でなく、1組の染色体を持った生殖細胞を作り、受精によって新しい2組の染色体を持った個体を生じ、子孫を増やしていく。ヒトのような高等生物は有性生殖だけしか行わないが、酵母のように、ときによって無性生殖と有性生殖を使い分ける生物もある。

雌雄の性があるということは、生物にとってどのような意味を持つのであろうか。もし、ある個体にきわめて有利な形質を発現する遺伝子変異が生じたと仮定しよう。無性生殖の場合は、1つの個体が分裂して、その子孫が直接、数を増やすことによって、その形質を集団の中に広げていく。

ところが有性生殖の場合は、1つの個体がさまざまな相手と交配することにより、その有利な遺伝子と集団の中にすでにある別の有利な遺伝子との組み合わせを生じることが可能となる。つまり有性生殖は、集団の中で遺伝子をさまざまな組み合わせで混ぜ合わせる上で、きわめて好都合な生殖方法で、性の違いは遺伝子の〝ブレンド〟に役立っているのである。

両親から受け取った23対の染色体（2倍体）は、生殖細胞ができるときいったん4倍体になった後、2回の減数分裂によって1倍体（23本の染色体）を持つ4個の精子（または卵）に分配される。23対のすべての父親と母親由来の染色体ペアの間には差異があるが、無差別に分配されるので、1個体は2の23乗（約８００万）種類の生殖細胞を作ることができる。しかし、性によるブレンドが染色体の組み合わせを変えるだけなら、それほど効率のよいものではない。

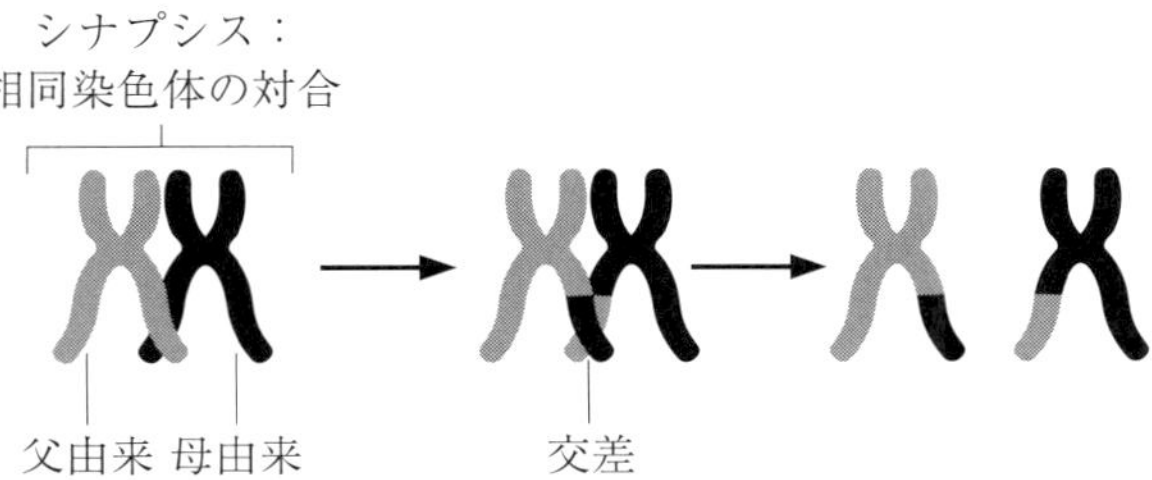

図18　相同染色体の間で起こる減数分裂組換え

遺伝子は染色体の上に、一定の順番で並んでいる。Aという遺伝子の隣にはBがあり、Bの隣にはCがあるというように、DNA上での遺伝子の位置関係はきちんと決まっている。ところが、DNAにはしばしばつなぎ換えが起こるのである。これは主として、生殖細胞が作られる第1回目の減数分裂のときに父型と母型からきた1対の染色体、すなわち相同染色体の間で起こる「減数分裂組換え」という現象である。すなわち、これは2本のDNAの同じところで起こる、交叉つなぎ換えである（図18）。

父型の染色体（DNA）と母型の染色体（DNA）はほぼ同じであるが、詳しく見ると違う。これは、ヒト一人一人が、みな違った遺伝子を持っているということによる。そして、その違った相同染色体の間で組換え（相同組換え）が起こると、母親由来の遺伝子A—Bと、父親由来の遺伝子a—bがブレンドされて、こんどはA—b（またはa—B）という組み合わせができることになる。

同じ染色体の上に並んでいる2つの遺伝子の中間で、ある確率で組換えが起こるとすると、距離が近いほど、その2つの遺伝子は一緒に遺伝していく確率が高く、距離が遠いほど、まったく別々に独立して遺伝していく確率が高くなる。

このような組換えの頻度から、2つの遺伝子の染色体上のお互いの距離を推定することができる。このことを利用して、モーガンはショウジョウバエを用いて、染色体上の遺伝子の位置関係を詳細に記載することに成功した。この古典的な遺伝学的解析方法は20世紀の初頭に確立され、つい50年前まで、遺伝学におけるもっとも基本的な方法であった。

減数分裂相同組換えの効用

生殖細胞が生じるときに染色体が組換えを起こすということは、生命体にとってどんな有利なことをもたらすのであろうか。

もし、ある個体に生存に非常に有利な突然変異が生じたと仮定しよう。この遺伝子は、Aという遺伝子であった。ところが不幸なことに、このAという遺伝子が乗っている染色体上には、Bというあまり好ましくない遺伝子も乗っていたとしよう。もし、染色体の組換えが起こらないとすると、せっかく生じたAという有利な形質は、永遠に不利な遺伝子と抱き合わせで親から子へ伝えられ、その有利な形質を十分に発揮することなく生物界に残るか、あるいは不利なB遺伝子のために淘汰され、やがて消え去ってしまうであろう。

ところが組換えによって、AはBとは独立に、次々にさまざまな形質を持った相同染色体とつなぎ換えられることにより、有利な形質が集団の中に非常に効率よく伝えられ、広がることが考えられる。遺伝子のこのようなダイナミックな動きは、われわれヒトの今日の設計図を成り立たせる上で、非常に大切なものであったことは想像に難くない。

15 細胞核の外にも遺伝子は存在する

われわれの細胞の中に、太古に潜り込んだ微生物の名残がある。ミトコンドリアや葉緑体は独自のゲノムを持ち、分裂し半独立に細胞の中で子孫を作る。

ヒトのような真核生物のゲノムは、染色体として核の中に存在する（第5項参照）。ところが、染色体以外にも遺伝情報は存在する。たとえば、細胞内の呼吸機能を受け持つミトコンドリア粒子や、植物の光合成を行うクロロプラスト（葉緑体）は独自のDNAを持っている。ミトコンドリアやクロロプラストは、その粒子の中に独自のタンパク質合成系を持っており、それぞれの小器官に特有のタンパク質、たとえばミトコンドリアにおける呼吸酵素（チトクローム）や、クロロプラストにおける炭水化物合成酵素（リブロースビスリン酸カルボキシラーゼ）を生合成

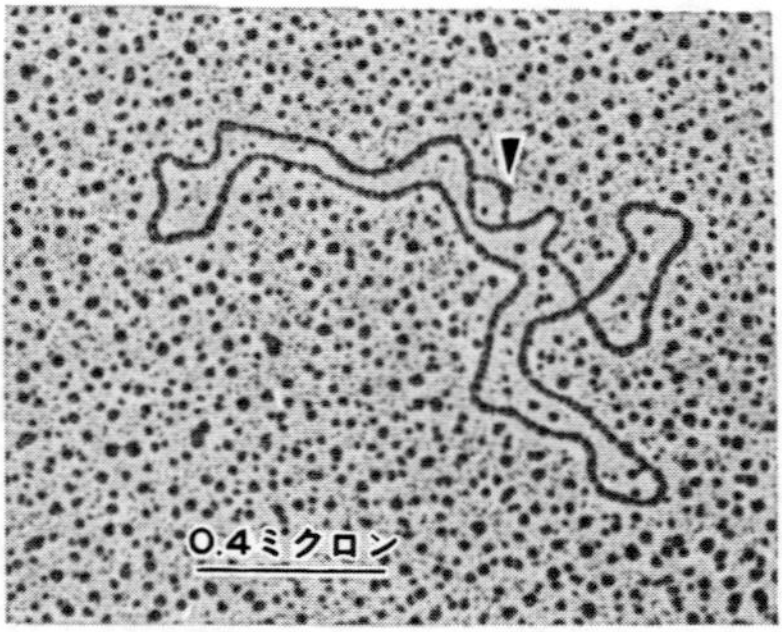

矢印のところからDNAの複製が開始している。

図19　ミトコンドリアのDNAの電子顕微鏡写真（京都大学理学部・山岸秀夫博士による）

する。そして、この細胞小器官のＤＮＡには、これらの酵素の遺伝子や、リボソームＲＮＡおよびｔＲＮＡの遺伝子が存在する。

これらの細胞内小器官は、細胞分裂とは独立に分裂し、ＤＮＡもまた複製して子孫の小器官に伝えられる（図19）。したがって、これらは細胞に依存する寄生体でありながら、部分的な自己複製能力を持っている。このことからミトコンドリアなどは、太古に真核生物に感染した寄生生物が細胞内寄生体となったのではないかと考えられた。事実、ＤＮＡの塩基配列の比較からこの仮説が広く受け入れられている。

高等生物においては、卵子は常に大きく、多数のミトコンドリアやクロロプラストを含んでいるが、精子由来の細胞内小器官は破壊され、受精卵には核を与えるだけである。したがって、細胞内小器官のＤＮＡは必ず母親から子孫に伝えられる。この現象を「母性遺伝」あるいは「細胞質遺伝」と呼んでいる。遺伝学的には、女性のほうが強い影響力を持つと言えるであろう。

ウイルスとプラスミド

必ずしも核の外というわけではないが、ウイルスも染色体と独立にゲノムを複製するという点で、一種の核外ゲノムと言える。ウイルスにはいろいろなタイプがあるが、遺伝子から見れば、DNA型の遺伝子を持つものとRNA型の遺伝子を持つものがある。ウイルスのゲノムは、ミトコンドリアのDNAのように小さく、増殖に必要なタンパク質やウイルスの外套（がいとう）タンパク質の遺伝子を持っているにすぎない。

「レトロウイルス」と呼ばれるRNA型ウイルスは、感染した細胞内でDNA型に変化し、細胞の染色体に潜り込む。こうして子孫へそのまま伝えられて、内在性ウイルスとなるものがある。ウイルスの中には、核の中で増殖するものと細胞質で増殖するものとがある。また、感染した細胞を殺してしまうものと、レトロウイルスのように細胞と平和共存するものとがある。

微生物界には「プラスミド」と呼ばれる染色体外DNAが存在する。プラスミドはDNAの複製開始情報を持っている以外には、ほとんど微生物にとって不可欠な情報は持っていない。したがって増殖するためのDNAとしては、もっとも徹底したものである。しかしプラスミドは、しばしば薬剤耐性因子や性決定因子などの微生物にとって有用な遺伝子を持っていることがある（第17および25項参照）。プラスミドは微生物の増殖と無関係に、微生物の中で増えるが、無限に複製するわけではなく、自然の状態ではある一定の数（レプリカの数として数個から数十個）に落ち着く。

微生物に感染するウイルスは「ファージ」と呼ばれる。ファージも遺伝情報としては、ウイルスのように必要最小限のものを持っているだけである。微生物に感染し、宿主を殺す場合と宿主のゲノムに潜り込んで宿主に寄生して増える場合がある。

第3章

ゲノム工学の技術

分子細胞遺伝学の発展の中から、
ゲノム（遺伝子）工学という革命的な技術が生まれた。
この技術をやや詳しく解説して、
ゲノム工学の持つ意義や影響、
またその限界などを理解していただきたい。
特に、ゲノム工学の技術が、生物学のみならず、
自然科学の各分野の知識を総合して
発展したことに注目していただきたい。

16 ゲノム情報を編集する

ゲノム情報を任意に切ったりつないだりし、これを思い通りの遺伝子に組み換える技術を人類が獲得したことにより、ゲノム工学は生命科学のみならず、化学、エネルギー、環境科学にまで革命的影響を与えることとなった。

「ゲノム工学」あるいは「組換えＤＮＡ技術」と呼ばれるものの基本は、遺伝情報のテープを自由自在に編集する技術である。今日ではテープの暗号を解読し、人工的に遺伝情報を合成することも、また、異なる情報をつないで新しい遺伝子を作り出すことも可能である。この技術が生まれた背景としては、ＤＮＡを一定の場所で切ったり、つないだりする酵素の発見と、その酵素を精製できるようになったことがあげられる。

まず第一に「制限酵素」と呼ばれる一群の酵素があり、今日では数千種類以上の制限酵素が知られている。この酵素は、特定の４個あるいは６個の塩基配列を認識して、そこを切断する酵素である。４つの塩基配列を認識する場合は、４×４×４×４すなわち２５６塩基対に１個の頻度で、そのような切断部位が現れる。６個の塩基を認識するものは、平均して４０９６塩基対に１

個、そのような切断部位が現れる。

この切断部位は、しばしば２本の鎖をぶつ切りにせず、互い違いに少しずれる。その結果、ずれた部分は一重鎖の〝のりしろ〟となる。こののりしろを利用して、同じ制限酵素で切断した違う断片を「ＤＮＡリガーゼ」という酵素でつなぎ合わせる（図20）。これが、いちばん最初に行われたＤＮＡ情報を編集する手法であった。その後、別の種類のＤＮＡリガーゼが発見されて、必ずしものりしろを必要とせず、ぶつ切りにした鎖２本の端と端どうしでも連結することが可能となり、違う制限酵素の断片どうしもつなぐことができるようになった。

さらに、ＤＮＡ合成酵素を使って一重鎖ののりしろ部分を二重鎖に変え、これとぶつ切り状態にした切断断片をつなぎ合わせることで、切断した断片の間に、人工的に化学合成した短いＤＮＡ断片を新しくつなぎ込むことも可能となった。

もうひとつ、遺伝子工学の方法にとってきわめて重要な酵素として「逆転写酵素」と呼ばれるものがある。これはテミン（H. M. Temin）とボルチモア（D. Baltimore）によって１９７０年に発見された酵素で、それまで遺伝情報がＤＮＡからＲＮＡに一方向的に流れると考えられていた「セントラルドグマ」が必ずしも正しくなく、ＲＮＡからＤＮＡを作ることもできるということを示した酵素である。

この酵素はｍＲＮＡを鋳型として、ＤＮＡを合成するために使われる。こうしてできたＤＮＡ

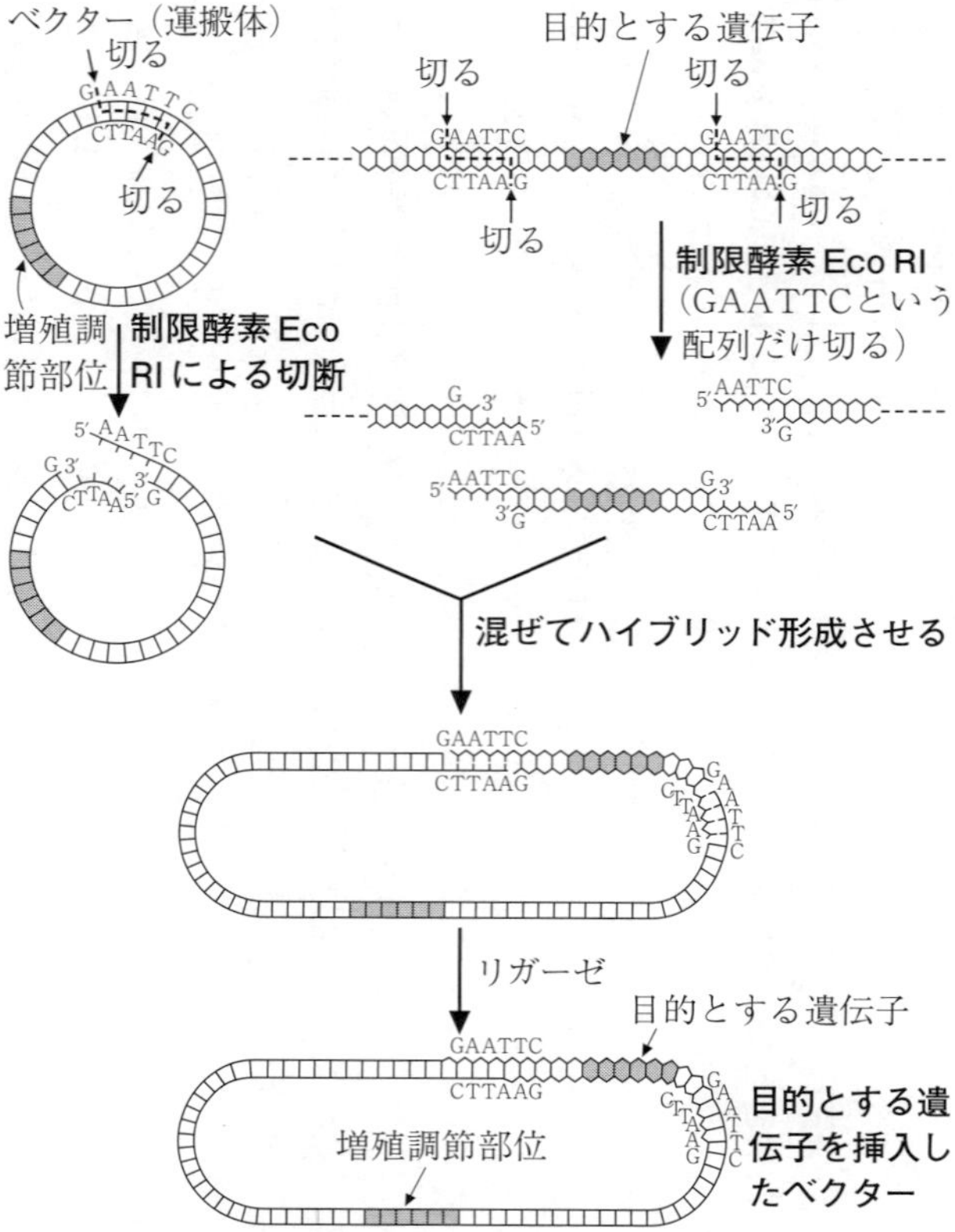

制限酵素Eco RIはGAATTCの塩基配列を認識して切断する。切断したあとにのりしろを残すので、異なる切断断片どうしを組み合わせて組換え体を作ることができる。ここでは目的とする遺伝子をベクターにつなぎ込む例を示した。

図20　制限酵素の利用の一例

は一重鎖で、mRNAの鋳型になっており、「相補DNA（コンプリメンタリーDNA、以下cDNAと略記）」と呼ばれる。

しかし、不安定なRNAや一重鎖のcDNAでは編集作業ができないので、遺伝子工学の対象とはなりにくい。そこで、cDNAを二重鎖のDNAにして、初めてゲノムが持っている遺伝情報のテープと同じような編集が可能となった。mRNAからcDNAを合成する方法は、1970年代の初めに、レーダーらによって初めて導入され、高等生物の遺伝情報のひとつである血色素（グロビン）遺伝子の解析に導入された。

その他、遺伝子工学の方法になくてはならない酵素として、「末端転移酵素」と呼ばれるものがある。この酵素は、すでにあるDNAの末端に、鋳型なしに一重鎖の〝ひげ〟（短いのりしろ）をつけていく酵素で、のりしろを作るのに適しているため、いろいろなところで使われている。

DNA合成酵素も、すでに述べたように、一重鎖のDNAを二重鎖に直す場合によく使われる酵素である。また、DNAの一部分を削りとって他のDNAとつなぎ合わせるのに、DNA分解酵素が使われる。たとえば「S1ヌクレアーゼ」と呼ばれる分解酵素は、一重鎖のDNAだけを分解するため、ハイブリッド形成して二重鎖になったcDNAを検出したり、二重鎖DNAの中の塩基対にある不適合部位を検出する場合などによく使われる。このS1ヌクレアーゼは、わが国の

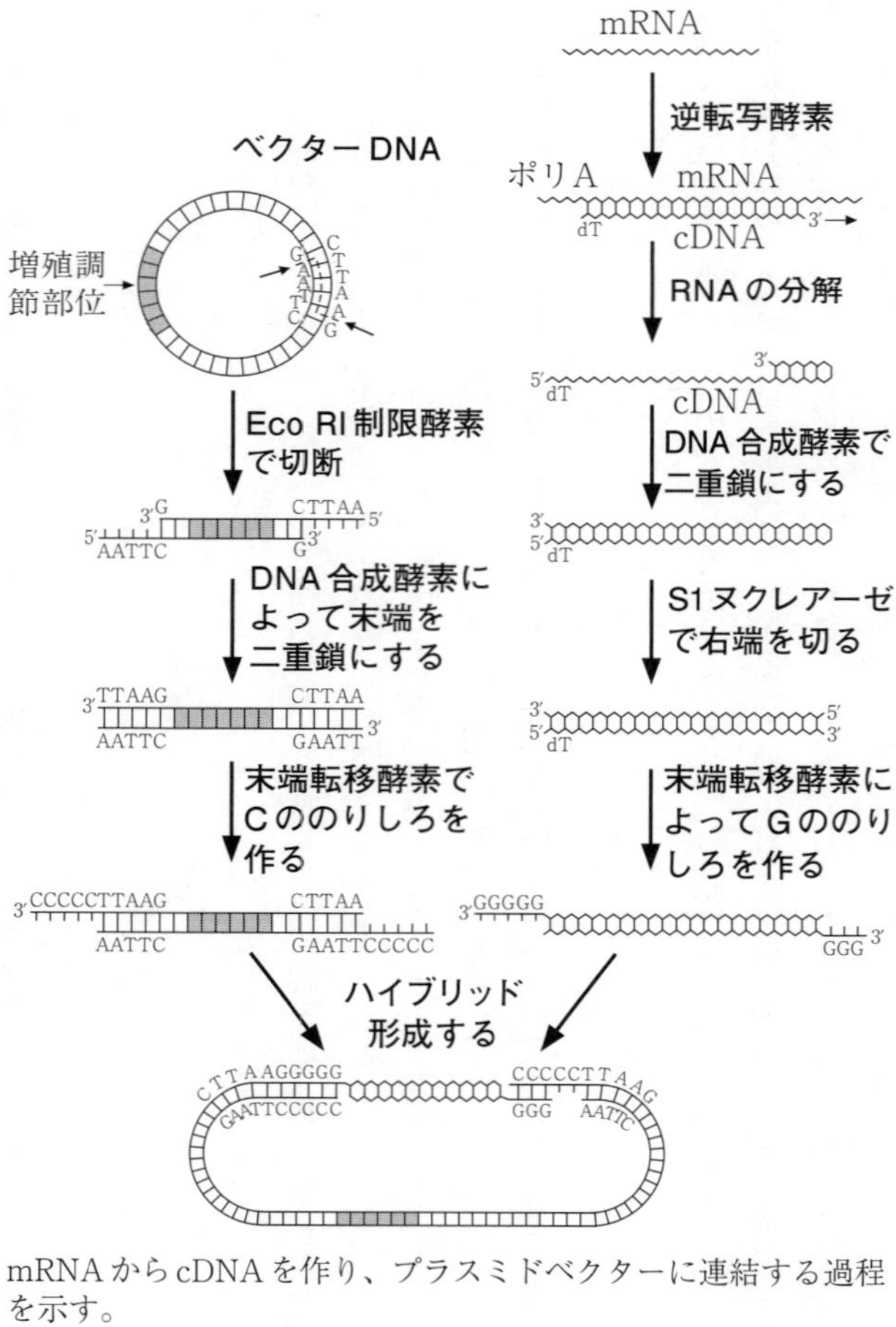

mRNA から cDNA を作り、プラスミドベクターに連結する過程を示す。

図21　cDNAのクローニングの一例

安藤忠彦によって発見された酵素である。

17 ヒトのDNAを大腸菌で増やす

DNAをヒトから単離し、目的とする遺伝子を大量に入手することが、ゲノム工学の基本である。このため、ヒトのDNAを大腸菌のようなバクテリアで増やす工夫が重要であった。

ゲノム工学の基本技術は、まず、目的とする特定の遺伝子を単離することである。単離したことを確認するためには、遺伝子（DNA）を何らかの運搬体に組み込み、微生物の中で増殖させてDNAを増やす必要がある。このようにして作られた均一の遺伝子を持つ核酸、細胞、個体を「クローン」と呼ぶ。

この目的に使われる運搬体（「ベクター」と呼ばれる）にはそのために、いくつかの必要条件がある。

第一に、そのベクターが自分で複製できるということが大切である。微生物の中で、独立した複製単位としてDNA合成を開始できることが必要条件である。これは通常、DNA複製開始部の塩基配列を持つかどうかによって決まる。

次に、一般に望んでいるDNAをたくさんとりたいと思う場合が多いので、宿主の細胞の中で、なるべくたくさんの複製コピーを産生することが望ましい。また、運搬屋というものは、車体はできるだけ小さくして、運ぶ荷物は大きいほど好都合である。そこで自分の分子量が小さく、運ぶものの大きさ、すなわち挿入できるDNAの長さが長いほど都合がいい。

運び屋の選択

具体的には、今日たくさんの種類のベクターが使われているが、その目的によって、いろいろに使い分けることが必要である。

まず第一に、宿主が何であるかによって、違うベクターが用いられる。大腸菌の場合には、一般に「プラスミド」と呼ばれる環状構造を持ったDNAベクターと、大腸菌に感染するウイルスであるファージをベクターとして使ったものが用いられる。

プラスミドは、もともと大腸菌に寄生する独立した増殖系であって、薬剤に対する耐性因子をコードする遺伝子の運搬体として見つけられた。今日、運搬体としてよく使われるプラスミドは、細菌どうしの縄張り争いの際の殺し合いに使われるコリシンという物質を産生するプラスミドを改変したものが多い。このプラスミドは、大腸菌の中で多数のレプリカを作るという利点がある。

大腸菌のファージとしては、ラムダファージが分子量も小さく、増殖も容易であるので、一般によく使われている。この他、酵母や枯草菌を宿主とする場合には、多くの場合、それぞれの宿主に寄生していたプラスミドを改変したものがベクターとして使われている。

動物細胞が宿主になる場合には、ベクターとしてウイルスがよく使われる。いちばんよく使われるものは、「SV40」と呼ばれるサルの細胞に感染するウイルスである。このウイルスは、多くの哺乳動物の細胞の中で自己複製し、また強い転写活性を持っている。

植物細胞の中で使われるベクターとしては、植物細胞で活発に複製される「Tiプラスミド」と呼ばれるプラスミドが使われている。いずれの場合も、これらのプラスミドやファージを切ったりつないだりして、目的に応じた修飾を加える。

次に、どのようなDNAを運ばせたいかということが、ベクターを選ぶ大きな要因となる。たとえば、非常に短いDNAでよい場合と、場合によっては数万塩基対にも及ぶ大きなものを運ばせたいときでは、使われるベクターの種類が異なってくる。

一般に、短いDNAを運ばせるにはプラスミドで十分であり、長いDNAを運ばせるためにはファージが使われる。もっと長い荷物を積むことができるベクターは「コスミド」と呼ばれるファージを改変したもので、ファージとプラスミド双方の性格を持っている。またBAC（bacterial artificial chromosome）は大腸菌プラスミドF因子を改良し、30万塩基対くらいまでのDNA断

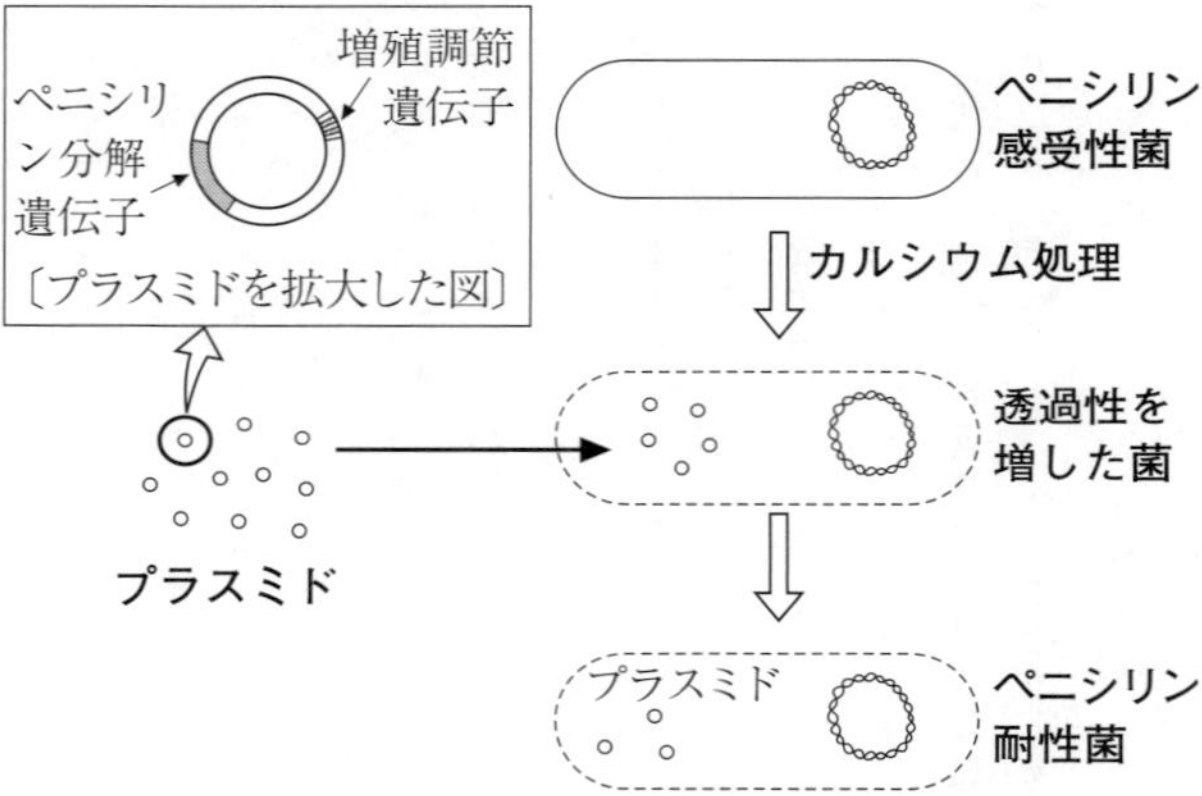

ペニシリン感受性菌がペニシリン耐性遺伝子（分解酵素）を持ったプラスミドを取り込むとペニシリン耐性菌となる。逆にプラスミドを持たない菌はペニシリンの作用により死んでしまうので、プラスミドベクターを持つ菌だけを選ぶことができる。

図22　ベクターの薬剤耐性遺伝子の役割

片を乗せることができるので、最近よく使われる。

さらに、運搬体がたんにＤＮＡを運んで増殖させるだけではなく、運んでいるＤＮＡの遺伝情報を宿主の細胞の中で発現させ、最終的にそのタンパク質まで産生させることが目的の場合には、それに応じた改変を施したプラスミドが用いられる。このような運搬体を「発現型ベクター」と呼んでいる。

ベクターを持った宿主と持たない宿主が容易に区別できるような〝特徴〟を備えていることも、ベクターの大切な性質である。このために、多くのベクターには薬剤耐性因子遺伝子が組み込まれている。たとえばペニシリン耐性因子遺伝子を含んだプラスミド（ベクター）を持った大腸菌は、ペニシリンを加えた培地でも殺傷されることなく生育できる。このようなことを利用して、目的とする遺伝子を持った宿主の候補者を選別するわけである（図22）。

18 細胞へDNAを導入する

DNAをバクテリアやヒトの細胞に高効率で導入することによって、その細胞の性質を変えたり、導入したDNAを大量に増やしたりすることが可能である。細胞膜に守られた細胞にどのようにしてDNAを入れることができるかは、地味ではあるが重要な技術の開発であった。

細菌がある頻度でDNAを取り込むことは、古くから知られていた。弱毒性の肺炎双球菌に、毒性の高い肺炎双球菌のDNAを取り込ませて毒性が高い性質に変換させたという、高校の教科書にも載っているアベリーらの形質転換の実験は、まさにこのような現象を利用したものである。しかし、通常に起こるDNA取り込みの頻度はきわめて低く、遺伝子工学的な方法として、希望のDNAを、さまざまな細菌に効率よく取り込ませるには、いろいろな工夫が必要である。

もっとも一般的に用いられるのは、電気パルスにより瞬間的に膜に穴を開けるエレクトロポレーション法や、大腸菌を非常に高濃度の塩化カルシウムの溶液で処理すると、細胞膜の構造が変わって高分子のＤＮＡが通りやすくなることを利用したカルシウム法である。これは、プラスミドのような比較的分子量の小さいＤＮＡを大腸菌のような微生物に入れるときに、一般的に使われる方法である。もちろん、ファージのようなバクテリアに感染する媒体を用いても、ＤＮＡを微生物の中に取り込ませることは可能である。

一方、高等生物の細胞にＤＮＡを取り込ませるには、かなり違った工夫が必要である。培養細胞は、いろいろな異物を取り込む性質がある。特に動物の皮膚や器官を覆う上皮系細胞や、間充織に存在する繊維芽細胞等は、細かい粒子状のものをよく取り込むので、ＤＮＡをリン酸カルシウムの粒子といっしょに沈澱させると、これを効率よく取り込む。

この他に、ＤＥＡＥ‐デキストランという物質を用い、その電気的性質を利用してＤＮＡと複合体を作らせ、細胞に取り込ませる方法や、大腸菌を覆う細胞壁を取り除き形質膜を露出させたものと高等生物の細胞膜をポリエチレングリコールで融合させ、大腸菌が持っているプラスミドのＤＮＡを動物細胞に取り込ませるという変わった方法も用いられた。しかし最近では、数千ボルトの高電圧を瞬間的にかけて、細胞膜に小さな穴を開け、穴が開いた一瞬の間にＤＮＡの取り込みをはかるというエレクトロポレーション法がよく使われる。さらには、細胞に細いガラスの針を突き刺し、顕微鏡下でＤＮＡを注入する微量注入法という方法もとられる（図23）。

上から直径2ミクロンの針を受精卵の雄前核に刺してDNAを注入するところ。受精卵は下からガラス管で軽く吸引して固定されている。卵の直径は70〜80ミクロン。中央に雄および雌前核が見える。

図23　マウスの受精卵へ細いガラス棒でDNAを注入する
（写真は熊本大学医学部・山村研一博士のご厚意による）

ウイルスは感染すると、自分のゲノムを細胞の中に送り込んで増殖する性質があるので、ウイルスゲノムのＤＮＡとつないで、動物細胞に必要なＤＮＡを注入する方法も用いられている。

このような、細胞へＤＮＡを効率よく導入する技術の目的のひとつは、遺伝子移植技術の開発である。

遺伝子治療技術の課題

今日、遺伝子移植の対象とされている第一のものは、骨髄幹細胞である。骨髄幹細胞は、骨髄由来のさまざまな血球細胞、すなわち白血球や赤血球、マクロファージ（貪食細胞）、肥満細胞、リンパ球などへ分化していく根幹となる細胞である。

骨髄由来の細胞の遺伝病で原因遺伝子が明らかな場合には、それに対する正常遺伝子、たとえば鎌状赤血球症の場合には、血色素遺伝子を新たに幹細胞に導入する。骨髄細胞から由来する細胞の中で、導入された遺伝子が正常に機能発現しさえすれば、遺伝病の治療が可能である。

受精後まもない卵細胞に、ガラス針を使った微量注入法で遺伝子を導入し、その後、胎児まで発生させることによって、体中のすべての細胞に遺伝子を取り込ませるという方法が、ネズミやウシ、ブタ、ヒツジなどではすでに成功している（トランスジェニック動物）。

このように言うと、遺伝子移植がいかにも、すぐヒトで実用化されるかのような印象を持たれるかもしれないが、実はそこまでにはまだかなりの道のりがある。遺伝子が細胞の中に入れば、それでよいのではない。細胞の中で、正しい発現の制御が行われないと、遺伝子は正常に発現しない。このためには、外から導入された遺伝子が染色体の適切な位置に取り込まれ、正しい制御機構の監視下に置かれることが必要であるが、今日では、まだ取り込まれた遺伝子が染色体のどの部位に入るか、まったく予測がつかないからである。したがって、発現制御も思うにまかせず、偶然の結果によっているのが現状である。

この重要な問題が克服されない限り、ヒトにおける遺伝子治療は成功しない。ヒトに最初に行われた遺伝子治療として、先天的免疫不全症の原因遺伝子ＣＤ１３２（サイトカイン受容体共通鎖）がフランスで試行されたが、その数例の患者に白血病が発症したただちに中止されたことは記憶に新しい。しかしその後、ベクターの改良やガン遺伝子発現のモニター法、さらに自爆装置の導入といった技術革新が進み、安全性が著しく高まっている。

19　ＤＮＡ塩基配列を決定する

ヒトゲノムの解読にいたった塩基配列の決定方法の開発により、ゲノム工学はさらに大きく飛躍した。この技術に基づき全自動塩基配列決定装置が開発され、驚くべき技術革新によってその価格も年々低下し、近い将来1人のヒトの全ゲノム決定が1000ドル程度で行われると考えられている。

組換えDNA技術によるもっとも基本的な成果は、遺伝情報を持つDNAを自由に組み換えることによって、遺伝情報そのものの解析を可能にしたことと、遺伝子組換えを応用して、有用な産物の大量生産の道を開いたことである。この方法が実用化されるにいたった背景としては、それまでの分子生物学の基本的な知識の蓄積とともに、1970年代の初頭から半ばにかけて、堰を切ったように数々の新しい方法が開発されたことがあげられる。

このような生物学の展開は、まさに〝革命〟と言ってもいい内容であった。新しい技術は、その技術の必要性が高ければ高いほど、これを開発しようという多くの人々の熱意を呼び起こす。その結果、新しい技術が連鎖的に開発され、またその複合がさらに高次の技術開発を触発する結果となって、今日の組換えDNA技術が発展したのである。それらの中でも、すでに述べた核酸の分解・合成・連結に関係する多数の酵素の発見と精製、その性質の解析などはきわめて重要なものであった。とりわけ、DNAの塩基の配列を決定するマキサム−ギルバート法とサンガー法の開発は、遺伝情報の解析と応用に不可欠の方法である。

マキサム－ギルバート法とサンガー法

マキサム－ギルバート法は、基本的にはまずDNAの末端に標識をつけ、その後に4種類の塩基をそれぞれ選択的に化学的に修飾し、修飾した部位で化学的な切断を行う。その際、修飾が部分的になるように設定し、DNAを完全に切断してしまうのではなく、部分的な切断となるようにする。その結果、DNAの末端から特定の塩基があるところ、たとえばT（チミン）であればそれぞれのTのあるところまでの長さが異なるDNAの断片がたくさん生じる。末端に標識を持たないものは検出されないから、標識された末端から切断されたTの存在するところまでの長さのものが検出されて、何番目にTが存在するかが一目でわかるようになる（図24）。

このような化学反応を4種類の塩基について行うことによって、末端から何番目に、A、G、C、T、それぞれが存在するかを、きわめて簡便に知ることができる。

サンガー法は、やはり部分反応を利用する方法である。この方法は、一重鎖DNAを鋳型としてそれに相補的な一重鎖DNAを合成させるものであるが、その合成途中で、部分的に合成が止まるような工夫をする。その結果、たとえばA（アデニン）の存在する部位だけで部分的に合成が止まるようにすれば、やはり末端からいろいろな長さのAのところで止まったDNA断片が多数生じ、それぞれの長さを決めることによって、末端から何番目に特定の塩基（この場合はA）

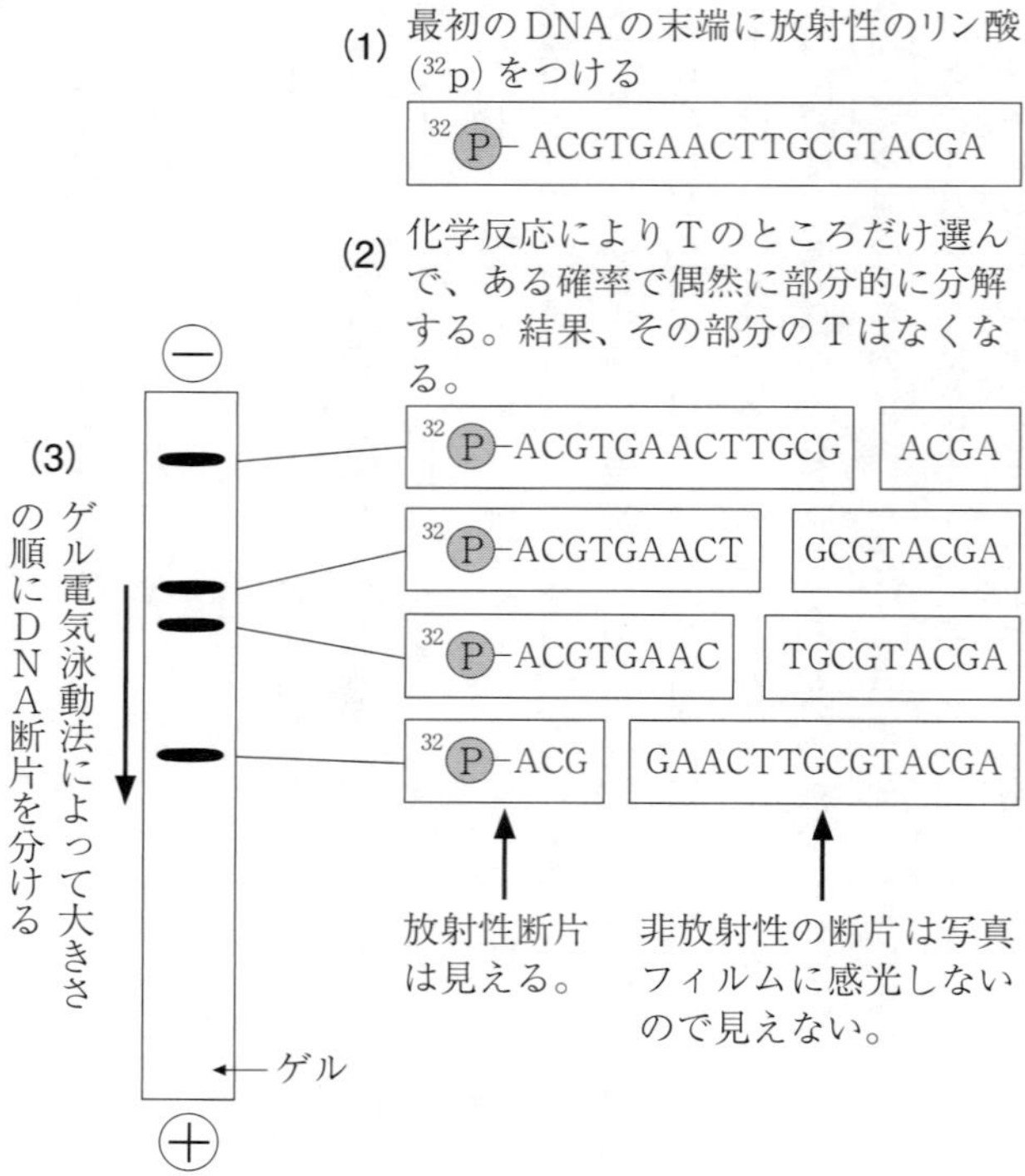

(1) 最初のDNAの末端に放射性のリン酸（³²p）をつける
32 P－ACGTGAACTTGCGTACGA
(2) 化学反応によりTのところだけ選んで、ある確率で偶然に部分的に分解する。結果、その部分のTはなくなる。
32 P－ACGTGAACTTGCG
ACGA
32 P－ACGTGAACT
GCGTACGA
32 P－ACGTGAAC
TGCGTACGA
32 P－ACG
GAACTTGCGTACGA
放射性断片は見える。
非放射性の断片は写真フィルムに感光しないので見えない。
(3) ゲル電気泳動法によって大きさの順にDNA断片を分ける
ゲル
－
＋

(4) ゲル中の移動速度から断片の長さがわかり、その結果、末端からTまでの長さがわかる。これを4種類の塩基について行うとすべての塩基の順序がわかる。

図24　マキサム－ギルバート法によるDNA塩基配列の調べ方

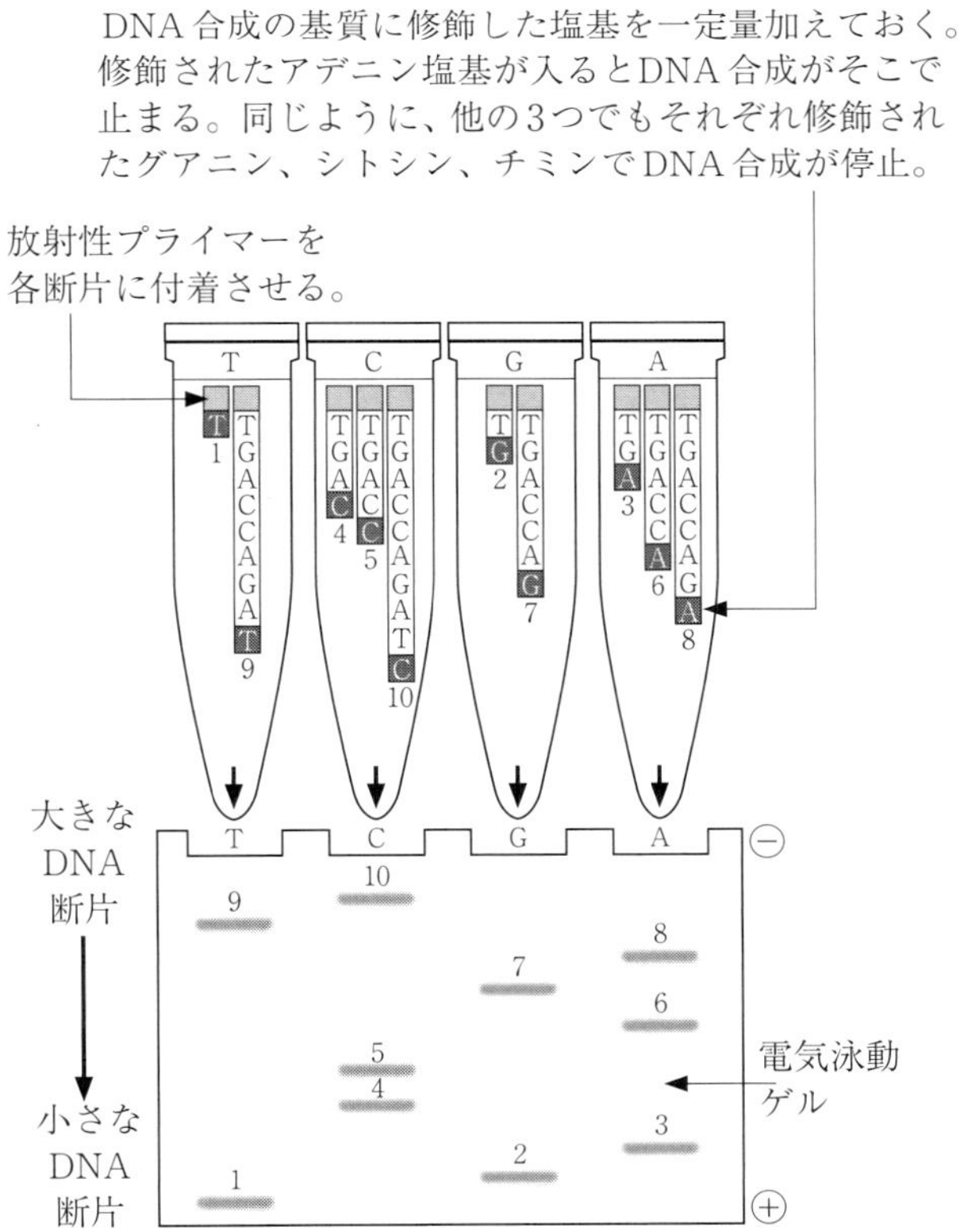
DNA合成の基質に修飾した塩基を一定量加えておく。修飾されたアデニン塩基が入るとDNA合成がそこで止まる。同じように、他の3つでもそれぞれ修飾されたグアニン、シトシン、チミンでDNA合成が停止。
放射性プライマーを各断片に付着させる。
T
C
G
A
大きなDNA断片
小さなDNA断片
電気泳動ゲル

図25　サンガー法によるDNA塩基配列の調べ方
（出典：WestOne Services www.westone.wa.gov.au）

が存在するかがわかる（図25）。

塩基配列の決定法を全自動化しようとする試みが１９９０年代半ば以降、大きなうねりとなった。この技術に成功したのはフード（L. Hood）たちが設立したアプライドバイオシステムズ（ＡＢＩ）社であり、この高額な機械があっという間に世間に広まったのは驚くべきことである。その原理は次のようになる。まずサンガー法を用いて塩基配列を決めたいＤＮＡ断片に対して相補的な一本鎖ＤＮＡを合成するが、その際に4種類の塩基にそれぞれ異なった種類の蛍光色素をつけ、蛍光色素を持つ塩基を取り込んだ時点で合成が止まるようにする。その後、ゲル自動電気泳動で合成されたＤＮＡを長さの順に分け、同時に4種類の蛍光を識別し、どの蛍光がどういう順番で出てくるかを検出すれば、自動的に塩基配列が読めることとなる。

この機械を用いてヒトゲノムのすべてを解読するという挑戦が国際的に始まった。これには各国の政府資金を使った国際コンソーシアムと、独自の方法で参入した民間会社の間で熾烈な競争が行われ、結果的にはベンター（J. C. Venter）が率いる民間会社が勝利を収めた。

この競争におけるキーテクノロジーは情報科学であった。第一の方法は、ヒトのゲノムを断片化し、それらを持つバクテリアのクローン集団をまず作り、それから計算上全ゲノムが含まれている遺伝子断片集団（これをライブラリーと称する）を作ることである。すでに述べたＢＡＣベクターを使って、確実なライブラリーを作ることが90年代半ばにはすでに可能であった。この方法では、ＢＡＣライブラリーに存在するクローン化されたＤＮＡ断片をひとつずつ読んでいくのである。

国際コンソーシアムは当初この方法で行くのが一番確実であると考えた。ところが、ここで大きな問題が浮上した。自動装置で１回に読めるＤＮＡの長さはせいぜい１０００塩基であるので、読んだＤＮＡ断片の配列をどのようにして長い全体ＤＮＡに再構築していくかという技術的な課題だ。つまり、読んだＤＮＡ断片の部分的な重複を確認しながら、順につなげていかなければならないのである。

ベンターらの民間グループは、第二の方法としてヒトのＢＡＣライブラリー化をすることなく、最初からランダムに切断し、非常に多数の重複を想定の上で、それぞれの断片の塩基配列を決定し、その重複をコンピューターに探させ、重なり具合から全体像を情報科学の力を使って再構成するという試みをとった。このベンターらのストラテジーがいかに強力であったかは、彼らのスタートが遅かったにもかかわらず、国際コンソーシアムのグループをより低コストで短期間に抜き去ったことで明らかとなった。

分子生物学を支える技術革新

科学の発展における技術革新の果たす役割は、今日ますますその重要性を増しつつある。科学の進歩において思想と技術革新はどちらが重要かということが、しばしば論じられる。たしかに、科学の進展を洞察し、多くの研究者の進むべき方向を指し示すような天才が現れ、科学の進歩を促した時代も過去にはあった。

しかし、今日の組換えDNA技術を含めた分子生物学の発展は、技術的な革新によって、人々の予想をはるかに超えた現象が発見され、これを新しい概念で統合することによって、さらに展望が開けてきたというのが正しいと思われる。こと生物学に関して言えば、生命の仕組みは人間が考えたよりも常に、そしてはるかに複雑であった。

20 DNAを試験管の中で100万倍に増やす

きわめて単純な方法で、試験管の中でDNAをほぼ無限に増やすことが可能となった。わずかに残されたDNA、たとえば髪の毛からDNAを抽出し、犯罪者の特定が行われることが今日珍しくない。さらには変異体DNAを作成し、DNA断片を連結して、ミニゲノムを構築することも可能となった。

DNAの2本の鎖は、相互に鋳型と鋳物の関係にある。DNA合成酵素は一方の鎖を鋳型にして、他方の鎖を合成する。二重鎖になったＤＮＡを高温にさらして一本鎖にし、再びそれぞれを鋳型にしてＤＮＡ合成して二重鎖にすると、ＤＮＡが2倍になる。これを10回繰り返すとすると、ＤＮＡ量は2の10乗倍、すなわち約１０００倍となる。

試験管の中でＤＮＡの複製と変性を繰り返すことによって、ＤＮＡを１００万倍にも大量に増やす原理は「ポリメラーゼ連鎖反応（polymerase chain reaction：ＰＣＲ）法」と呼ばれ、まことに単純な発想であったが、この方法を開発し特許をとり商品化したシータス社のマリス（K. B. Mullis）はノーベル化学賞に輝いた（図26）。温度を上げ、変性させ、ＤＮＡの端に相補的な短いＤＮＡを加えて温度をゆっくり下げ、会合させ、そしてＤＮＡ合成酵素によりＤＮＡを合成させるわけである。この方法の革新的なことは、きわめて微量のＤＮＡさえあれば、これを無限に増やすことができるということに尽きる。

ＰＣＲ法は、今日ほとんどの研究室で日常的に使われている。この見るからに単純なＰＣＲ法がこれだけ広く用いられるようになった理由としては、他の技術革新と一体的に進んだことが重要である。すなわち、ＤＮＡを有機化学合成で作ることが可能になったために、ＰＣＲ法でＤＮＡ合成するときに必要なプライマーというＤＮＡ断片が簡単に手に入るようになったからである。

この技術革新と、さらには先に述べたＤＮＡ塩基配列決定法とが組み合わさり、増幅されたＤ

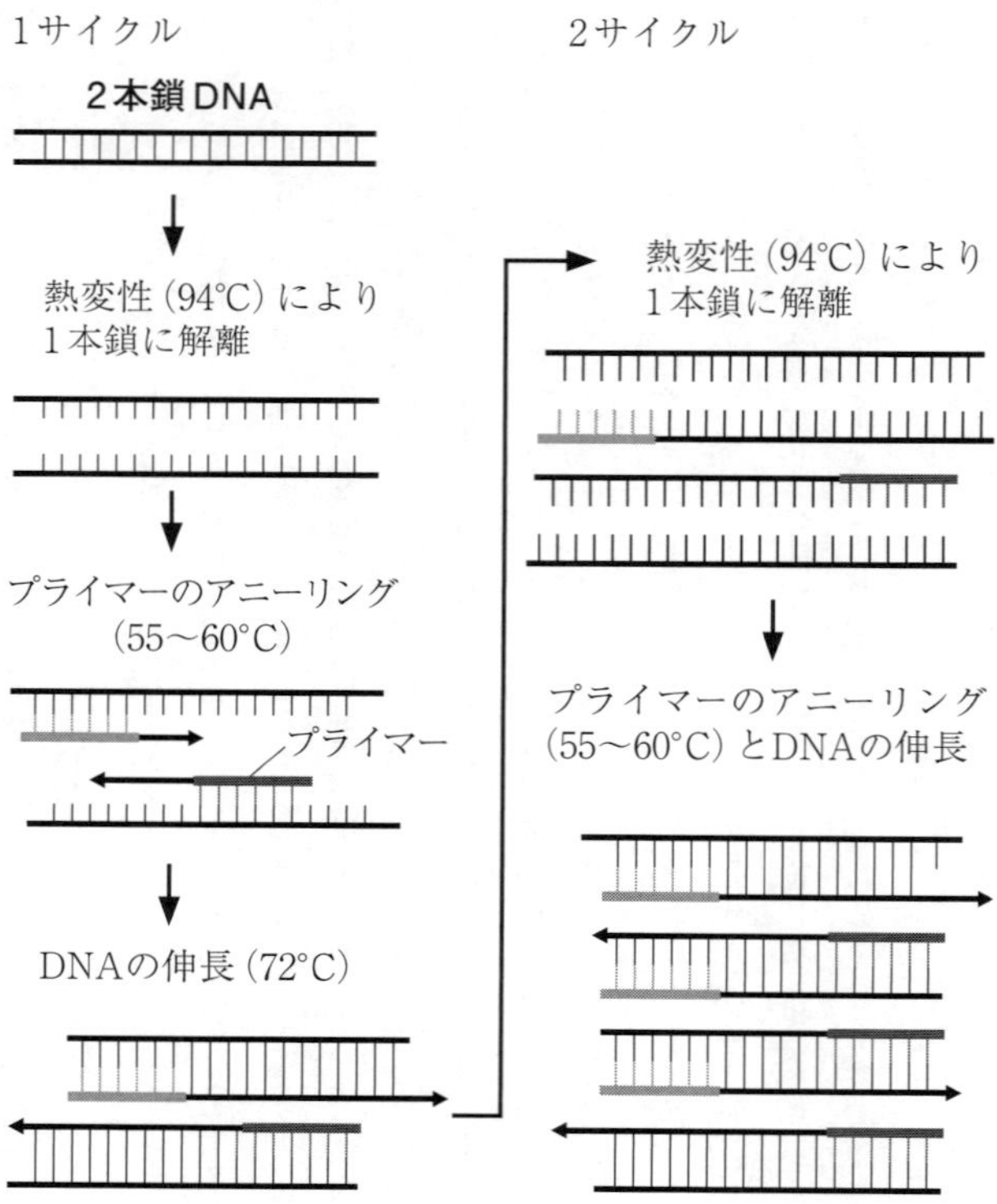
1サイクル
2サイクル
2本鎖DNA
熱変性（94℃）により
1本鎖に解離
プライマーのアニーリング
（55～60°C）
プライマー
DNAの伸長（72°C）
熱変性（94℃）により
1本鎖に解離
プライマーのアニーリング
（55～60°C）とDNAの伸長

図26　PCR法の原理

NAが正しいものかどうかの検定がきわめて容易になった。その結果として、以前のように大腸菌の中でベクターを使って増やすクローニングの手間が省かれ、試験管の中できわめて短時間でDNAの増幅が可能となった。さらにはプライマーの中に変異を導入することによって、試験管の中で自在にDNAの変異体を作ることも可能となった。この方法は、「試験管内変異導入法」(in vitroミュータジェネシス)と呼ばれ、生命科学の進展に大きな影響を与えた。

このような方法を組み合わせることによって、1つの遺伝子のみならず、遺伝子セットを自由自在に構築し、ウイルスやそれに近い生命体を構築することが可能となったのである。ゲノムの構築も、それ自身は十分に可能となった。しかし、ゲノムから実際の生命体までの間には乗り越えなければならない壁が数多く含まれている。細胞にはゲノム以外のコンポーネントが多数あり、今日可能なことは、既存の細胞に元からあるゲノムの代わりに人工ゲノムを入れることであろう。しかし、この人工生命体の構築は、生命科学の技術の有用性を実証するひとつの方法であるとしても、倫理面などで大きな抵抗があることに間違いがない。

PCR法は、いわゆる犯罪捜査において犯人の同定に強力な証拠を提供することとなった。この方法と塩基配列決定法を使うことによって、現在では同一人かどうかの判定の確率はほぼ100パーセントになった。米軍が、オサマ・ビン・ラディンの個人識別にPCRとDNA塩基配列決定法を用いたことは驚くにあたらない。

21 生きた細胞や分子の動きを見る

細胞の中のタンパク質等の分子を見ることは、高倍率の蛍光顕微鏡や電子顕微鏡が必要である。今まで、このような観察には細胞の固定が必要で、生きたままの姿を見ることは不可能であった。しかし、蛍光タンパク質ＧＦＰの研究によって、生きた細胞におけるタンパク質等の分子の動きが光学顕微鏡で観察できるようになった。

ゲノム情報によって作られたタンパク質が細胞の中でどこに存在し、どのように挙動するのかを肉眼で見たいという研究者の欲望は古くから存在したが、特定の分子に何かの目印をつけるということは生きたままでは不可能と思われていた。長らく行われていたのは、組織を固定し、抗体に蛍光や色素をつけることによって、分子の存在場所を顕微鏡の下で確認することであった。この方法では、残念ながら分子の生きた状態を見ることはできない。

天然の蛍光タンパク質（green fluorescence protein：ＧＦＰ）は、このような研究者の欲望を満たすかっこうの分子であった。２００８年度のノーベル化学賞を受賞した下村脩（おさむ）は、オワンクラゲから採取したＧＦＰ分子を精製し、その構造を決定することによって、生物学に大きな革命をもたらしたのである。

その後、ＧＦＰ遺伝子がクローニングされ、他の分子との融合タンパク質を作っても同様に蛍光を発することが示された。ＧＦＰと融合させたタンパク質を発現すれば、そのタンパク質分子が細胞内でどのように動くかを生きたまま観察できる。また後で述べるように、動物個体の中でＧＦＰで標識した分子の動きを追いかけることも可能となった。その後、さらにＧＦＰ以外のさまざまな蛍光タンパク質が見つけられ、細胞の挙動によって色を変える蛍光タンパク質も見つけられた。また、分子と分子が会合することによって蛍光を発するフレットと呼ばれる方法も開発され、細胞生物学はまったく新しい時代を迎えたのである。

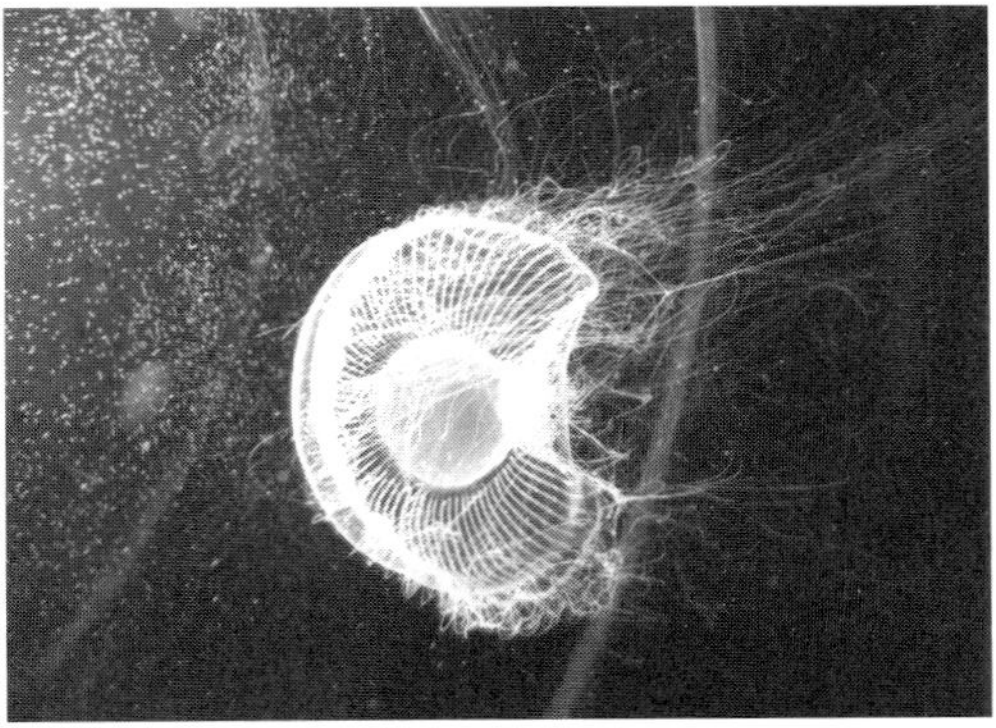
図27　蛍光を発するオワンクラゲ ©KANPEI

　顕微鏡の解像力には限りがあるので、１分子を追跡することは容易ではないが、その分子を持った細胞の動きはきわめて正確かつ容易に計測できる。しかし、蛍光を検出するためには外部から励起光を当てる必要があり、その際に2つの大きな問題が生じた。第一の問題は、そのような波長を持ったレーザー光が到達するのは、組織のごく表層部にすぎないということである。第二は、強い光を当てるほど、蛍光発光物質、すなわちGFPは短期間でその能力が劣化するという問題である。この2つの制限から、GFP融合タンパク質を使った研究は当初、培養細胞等、厚みの少ないものに限られていた。

ところが近年、2光子励起顕微鏡の開発によってこの限界が大幅に乗り越えられたのである。2光子励起顕微鏡とは、赤外領域の長波長の光、すなわち組織透過性の高い長い波長を持った光子を用い、このような光子を同じ空間に2つ同時に飛び込ませることによって、GFP等を励起できる短波長の光子を発生させるものである。これにより、組織深部にあるGFP蛍光タンパク質も検知することができ、生体の組織、切片や一部生体上皮組織等の生きた画像を経時的に捉えることが可能になった。

この経時的な解析によって大きな知見が得られたのは、血液中に流れるリンパ球の動態や脳内における神経活動である。それらを可視化できるようになったことで、まだ限界があるとは言え、従来の手法に比べ、表面から数百マイクロメートルといった深部の顕微鏡像をきわめて少ない侵襲で取得できるようになったことは大きな進歩である。何事につけ百聞は一見にしかずであり、この強力な技術開発が今後とも生命科学に果たす役割は、きわめて大きなものがある。

22 遺伝病を再現する動物

病気の原因を探り、その治療法を開発するためには病気のモデル動物が必要である。ネズミの遺伝子を自由に改変する技術が開発され、生物学のみならず医学研究が飛躍的に進んだ。

動物の遺伝子を人工的に改変することの魅力は、生命科学にとって、とてつもなく大きい。それは、このことによって遺伝子の真の役割が解明できるからである。動物遺伝子のクローニングが可能になったのと時を同じくして、動物に遺伝子の導入を行うことが可能となった。マウス受精卵に細いガラス管の先を突き刺してＤＮＡを導入し、そのまま胎内に戻して個体への遺伝子導入に成功したのは１９７０年代のことである。これによって、遺伝子導入マウス（トランスジェニックマウス）はさまざまな生命現象の解析に大きな役割を果たした。しかし、このような遺伝子導入動物の問題は、遺伝子が染色体にランダムに挿入されるため、挿入された場所によってはその発現の制御が影響を受け、生理的な発現制御が必ずしも期待できないことであった。

そこで、元の遺伝子と同じ場所に導入し、その遺伝子に変異や欠失を導入することによってその遺伝子の機能を明らかにしようとする試みが始められた。この技術は、今日マウスにおけるノ

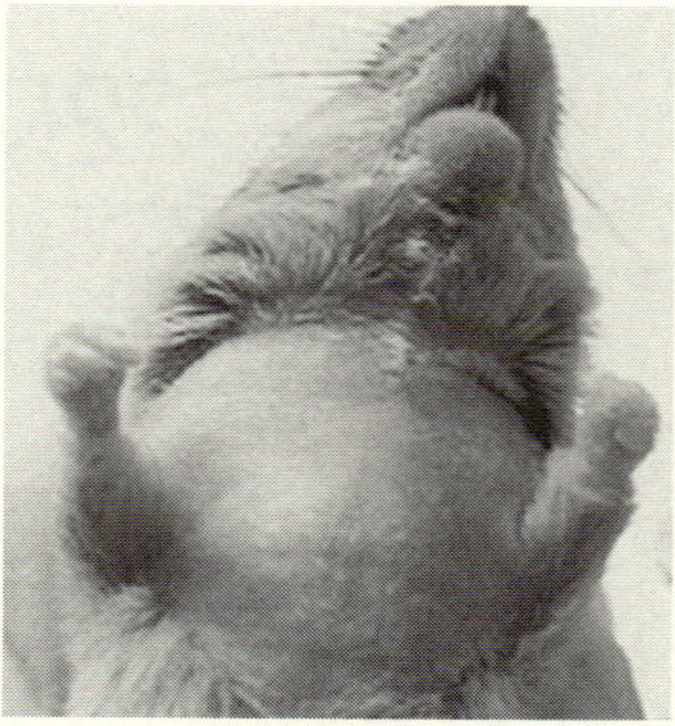

Hoxb8遺伝子を欠失すると、マウスは過剰な毛づくろいを行うためその部分が脱毛してしまう。

図28　Hoxb8遺伝子を欠失したノックアウトマウス

肥満を抑えるレプチンを産生する遺伝子を欠失したマウス（左）と正常なマウス（右）。

図29　遺伝子異常によって肥満化するマウス

ックアウトあるいはノックイン法として広く研究室で使われているが、その完成までには非常に長い歴史的背景がある。

まず、マウスの受精卵由来のＥＳ細胞（胚性幹細胞）の確立が不可欠であった。すなわち、多分化能を有した培養細胞からマウス個体を作れることが必要であった。ＥＳ細胞の樹立は英国のエバンス（M. J. Evans）によって行われた。

次に、この培養細胞の遺伝子に相同組換えを導入することが必要であった。その方法は、最初はより簡単な通常の培養細胞で試みられ、頻度は必ずしも高くはないがある一定の割合で挿入が可能であるということが明らかにされた。この発見は、カペッキ（M. R. Capecchi）およびスミシーズ（O. Smithies）によって行われ、そしてこれらの技術が融合され、ＥＳ細胞で遺伝子を改変し、新しい遺伝変異を持つマウスが生まれた。マウスにおいて今日特定の遺伝子を改変することは、きわめて一般的な方法となったのである。

遺伝子の改変は、その遺伝子を働かなくすることにより、体の中でどのような機能を持つかを推定するきわめて有力な方法となり、ヒトの遺伝病と同じ遺伝子変異を持った病態モデルマウスを作ることも可能となった。ごく最近、同様の方法がラットでも可能となり、この方法も生命科学を推進する上で不可欠な方法となっている。

さらに、遺伝子を欠失させた場合、発生過程で死んでしまい、その遺伝子の機能を明らかにすることができない場合が多々見出された。この問題を克服したのが、コンディショナルノックアウト法である。この方法は、任意に選んだ特定の遺伝子を発現する細胞のみで、機能を研究したい遺伝子の欠失を起こさせる。この方法を使えば、特定の遺伝子、たとえば抗体の遺伝子再構成を行うＲＡＧ１遺伝子をＢリンパ球のみで欠失させ、Ｔリンパ球では正常に発現させることも可能である。このような組織や細胞種に特異的な遺伝子の欠損が可能になり、個体における遺伝子機能解析が飛躍的に発展している。

23 単クローン抗体

体中のどの分子でも認識できる抗体を純化できれば、生命科学は飛躍的に発展をする。この夢のような話を実現化したのが、単クローン抗体技術である。その背景には、細胞融合の発見と免疫学のクローン説の証明がある。

細胞は、ひとつひとつが細胞膜で城壁のように仕切られ、めったなことでは２つの細胞が融合することはない。しかし、稀に２つの細胞膜が融合してしまうことがある。個体の発生過程では、筋肉細胞が自然とこのような融合を行う。またある種のウイルスの感染によっても、別々の細胞が融合することがある。日本で研究されたセンダイウイルスを使って細胞融合が起こることを発見したのは、岡田善雄である。最近では、ポリエチレングリコールや電気的融合法を使って、細胞どうしを人工的に融合させる方法が多用されている。

いずれにしろ、これは異なる家が突如として間にある壁を取り払い、1軒の家になったようなものであるから、2軒の家の住人がいつも仲良く暮らせるとは限らない。多くの場合、融合した細胞は機能的に破綻（はたん）して、うまく生存しないのが通例である。特に種の異なる細胞、たとえばマウスとヒトの細胞を融合したような場合には、一方の種の染色体だけが、選択的にどんどん失われていくという現象が知られている。

人間社会でも、いきなり2つの家族が同居することになっても、うまくいくのはたいてい似たものどうしということになる。細胞の場合も同じである。しかし、まったく同じ細胞どうしでは、あまり意味がない。似てはいるが、わずかに違っているものが合わさったときに、非常に有用な細胞融合株が作られるのである。こういった点から、「ハイブリドーマ」と呼ばれるリンパ球の細胞融合株は非常に理想的である。

ハイブリドーマ

リンパ球は、すべて同じような顔と形をしているが、ひとつだけ重要な違いがある。それは1

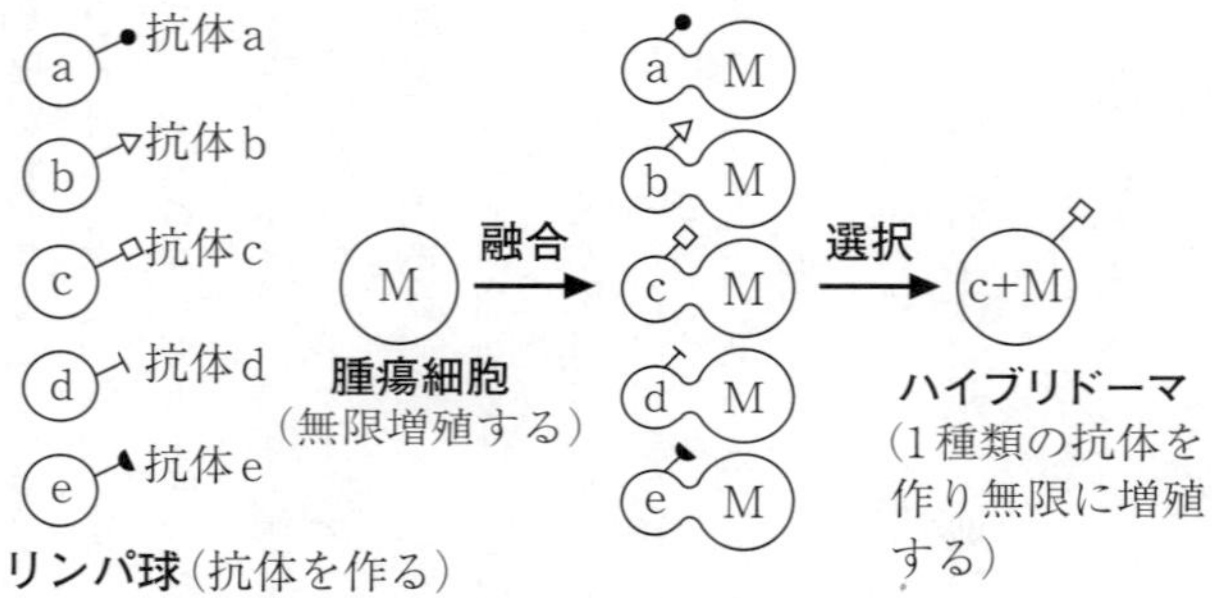

リンパ球（a、b、c、d、e）は、それぞれ異なる抗体を作る。抗体は分泌されるものと、リンパ球の表面に存在するものとがある。リンパ球の腫瘍細胞（M）のうちから、試験管内で無限増殖するが抗体を作らないものを選び、多数の正常リンパ球と融合させる。多数の融合細胞の中から目的とする抗体を作るものを選び出す。

図30　単クローン抗体の作り方

個1個のリンパ球（クローン、93ページ）が作っている抗原を認識する物質（Bリンパ球では抗体、Tリンパ球ではT細胞抗原受容体）が違うのである。

このことが、それ以前のリンパ球の解析を著しく困難にしてきた。一般に、化学的な解析というのは、純粋なものをたくさん集めて解析するというのが鉄則である。さまざまな混在物を解析しても、はっきりとした結果は得られない。

ミルシュタイン（C. Milstein）とケーラー（G. J. F. Köhler）はハイブリドーマと呼ばれる細胞融合技術作製法による単クローン抗体を開発した。ハイブリドーマを作るには、それ自身は抗体を作っていないがガン化しており、そのため無限増殖するリンパ球細胞株と、抗体を作っている正常なリンパ球とを融合させる。こうすると、ガン化したリンパ球腫瘍細胞の働きで、どんどん増殖しながら、しかも1種類の抗体（単クローン抗体）を作る融合細胞株が得られるのである。この優れた方法の導入により、さまざまな抗原に対する単クローン抗体が得られるようになり、免疫学の研究のみならず、生物学全体の研究に大きな貢献をした（図30）。

ハイブリドーマの作製により、化学的に純粋な抗体を大量に得る方法が開発され、ヒトのさまざまな病気の診断や治療にも応用されつつある。ミルシュタインは、この方法の特許化をあえてしなかった。この方法の応用の可能性が、言うまでもなく今日の生命科学の発展に不可欠であることを見抜いていたからではないかと言われている。

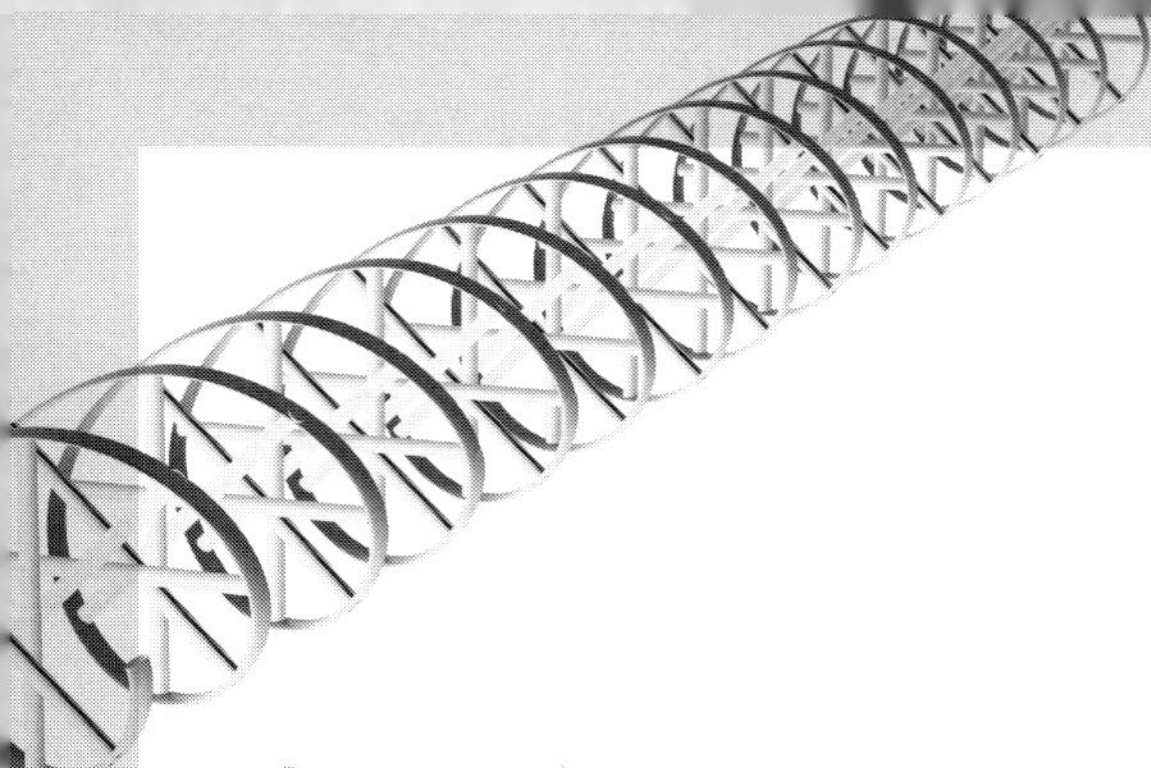

第4章

生命科学の新しい展開

ゲノム工学技術の導入は、生物学に革命をもたらした。
従来、生物学は形態学や遺伝学など
限られた分析手段しか持たないにもかかわらず、
複雑な系をあつかうため、
現象から本質へと迫ることが容易ではなかった。
ゲノム工学技術は生物学に固有の、
そしてもっとも強力な手段として
複雑な生命現象の本質へと
われわれを導くことを可能にした。
すでにこの技術は、生物学に新たな概念や観点を導入し、
生物学の新しい展開が進展すると同時に、
他の科学分野（人文、社会、自然）のみならず、
社会の課題解決にも不可欠な手段となっている。

24 多様性は生命体の本質である

生命の多様性は、種、個体また個体中の細胞にまで及ぶ。その多様性の表現のもとはすべて遺伝情報である。種と個体の多様化は遺伝子の変異によって生じる。一方、個体中の細胞の多様化は遺伝子発現制御によって主として起こるが、一部は遺伝子の変異によっても起こる。

非生物と比べて、生物が不思議と思われる現象のひとつとして、多様性があげられる。形態学的に見ても、単細胞のミドリムシから羽を持った昆虫、星形をしたヒトデ、縄のようなヘビ、鼻の長いゾウ、首の長いキリンなどに代表されるように、まさに千差万別である。また、その大きさも、顕微鏡下で観察される微生物からクジラのように150トンもの巨体まであり、また、天にも届くかと思われる巨大な樹木もある。

生活様式の面を考えてみても、水中の魚類や地上に住む哺乳類、また、いずれにも生息可能な両生類、さらに空を飛ぶ鳥類など、多種多様である。南極の寒さに耐えるペンギンから、熱帯の暑さにも平然としたダチョウまで、生物の多様性はまさに驚くべき幅広さを備えている。

ところが、このような多種多様な差異を作り出す基本的な仕組みは、意外なほど共通なのである。

遺伝物質は、ほとんどの生物においてDNAから作られており、DNAに刻み込まれた遺伝情報の言語（トリプレットコドン）は、すべての生物について基本的に同じである（多少の〝方言〟を持つ生物も発見されているが）。遺伝情報は20種類の共通のアミノ酸の配列を決定し、これによって生命体の重要な機能を営むタンパク質が作られている。その他の生体構成成分である脂質や糖質についても、細部の構造の変化はあるにせよ、基本的な骨格はほぼ共通していると言っても過言ではない。このことは、地球上の多様な生命が共通の祖先から、長い長い進化の歴史の中で生じた連続した変化の結果であるということを何よりも力強く物語るものである。

生物界における多様化の不思議さは、生命体が化学的に同じ材質で作られ、同じ遺伝言語を用いているという統一性によっていっそう深まる。このような生物界の多様化がどのようにして生じたかというのが進化の謎である。

40億年にわたって、地球上で生命の進化を推し進めてきたものは、遺伝的変異の積み重ねと環境による選択であるというのがダーウィンの考えであった。その後の研究により、変異を子孫に伝えるのは遺伝子であり、遺伝子が変異を起こす仕組みには突然変異やDNA組換え、トランスポゾンの転位（第25項）など多様であることが明らかになった。

その中でも重要な点は、遺伝子の変異が偶発的に方向性を持たずに起こることである。偶発的に生じた変異体を選択し、種の多様化を推し進めたのは、環境要因であると考えられている。どのような仕組みで、どれほど強い選択が働くかなどについては不明の点が多いが、いずれにせよ生物種の多様化は外界の多様性に対応して形成されたものだと考えることができる。進化の仕組みの詳細についてはまだ議論が多いが、基本的には、遺伝子の偶然の変化と環境による選択が進化の原動力であるとするダーウィン的考えが一般に認められている。

ダーウィンの注意深い観察で指摘された種内の個体間の変異が、遺伝子の変異によって起こることは明らかである。ダーウィンの観察した変異は、主として形態の変異であったが、今日では遺伝子の塩基配列の個体差（これを「多型」と呼んでいる）が容易に検出できるようになり、多型は予想以上に多いことが明らかになっている。すなわち、種とは一定の遺伝子セットを持った集団であると同時に、絶え間ない偶然の遺伝子変異による多型を包含した集団である。

先に述べたように、このような蓄積する遺伝子変異が親から子へ伝わるためには、生殖細胞の中で起こらなければならない。次に、真核生物では各染色体を2本（1対）持っているが、生殖細胞の生成過程で起こる減数分裂に際して、2人の親由来の染色体が混ぜこぜに分配される。この結果、両親から得た1対の染色体（したがって遺伝子）がさまざまな組み合わせで生殖細胞に分配されることにより、変異が集団の中に容易に拡散するようになる。さらに減数分裂の際に、両親の染色体の間で遺伝子組換え（減数分裂組換え）が起こることにより、いっそうの遺伝子のかき混ぜが起こる。このような仕組みで、１個体に起きた変異がもし有害でないならば、広い集団の中に世代を繰り返す過程で広まっていくことが予測される。

個体の中の多様性

多様な環境に、各々の生物種が別々のやり方で適応していく場合のほかに、１個体が多様な外界に対応しなければならない場合がある。１個体が時に応じて、さまざまな外界の刺激に対応するためには、個体内で膨大な多様性を生む仕組みを必要とするのである。高等生物にとってその代表的なものは、生体の防御に関わる免疫系と、外界からのさまざまな刺激を感知し行動に移す神経系であろう。

神経系は外界の多様な敵を正しく感知して、逃げるのか戦うのかを決めなければならない。そのために五感の情報を総合して対象を判定する中枢神経系の認識機構には、膨大な多様性が要求される。さらに、記憶や理性的判断に必要とされる多様な機能について、少なくとも2点が明らかになった。第一は神経系の多様化は遺伝子変異によらない。第二に、神経ニューロンの回路網の複雑さとその個体ごとの差異がその多様性の源である。

免疫系は、侵入した多様な外敵を正しく認識し、速やかに攻撃を加えて自らを防御する必要がある。免疫系の持つ膨大な多様性は、われわれの限られた遺伝情報の中にどのように蓄えられ、どのようにして発現されるのであろうか。このような生物学の大きな謎の解明にも、遺伝子工学技術を用いた新しい生物学が貢献した。

免疫系では、個々の細胞の遺伝子にランダムな変異が導入され、生体防御に有用なものが正の選択を受け、不利なものや役立たないものは負の選択を受ける。免疫系には、遺伝子の偶然の変化とその表現型の選択という進化における自然選択に似た仕組みが働いていることが、近年の研究により明らかになった（第26、27項参照）。神経系の多様性発現についても、やはり偶然性をもって作られた神経回路が選択されて、機能的に有効なものだけが残ることを支持する実験がある（第34、39項参照）。

個体レベルにおける多様性の発現という観点から見るならば、個体発生の過程そのものが、多様化の際立った表現であると考えることができる。つまり、卵子と精子の融合から出発して、まさに千差万別の体細胞へと分化していく過程は、個体レベルにおける多様化のプロセスそのものであると言ってよい。このプロセスは遺伝情報の発現制御によって行われている（第26項に詳述）。

25 動く遺伝子

個体間では、遺伝子に差異があることは広く受け入れられていたが、個体の細胞で遺伝子が変異を起こすことは比較的新しい知見であり、驚きであった。しかし、進化的に見ると太古から遺伝子は動いてきた。

長い進化の過程で、遺伝子が次第にその形を変えてきたことは当然であるとしても、１個体の一生の間に、生命体の設計図である遺伝子がその構造を変えるということは、生物学者にとって容易には受け入れがたいことであった。ところが近年、人々の想像をはるかに超えて、遺伝子はダイナミックに動き回るという現象が次々に知られるようになった。

すでに１９４０年代、マクリントク（B. McClintock）は、野生トウモロコシの種子の色が激しく変化する現象を研究し、その原因は、色を決める遺伝子が頻繁に染色体の中を動き回るためではないかという大胆な仮説を唱えた。１９４０年代と言えば、ＤＮＡの二重らせん構造もまだ明らかにされておらず、遺伝子の本体に関する知識はきわめて不十分な時代であった。

もちろん、マクリントクの遺伝子に関する概念も、今日ほど明確なものであったわけではない。それでも彼女は、トウモロコシの種子の色の観察から、このような激しい変化は体細胞レベルにおける遺伝子の変化なくしては起こらないと考えたのであった。しかしながら、このような仮説がすぐさま人々に受け入れられたわけではなかった。むしろ、1983年にノーベル医学生理学賞を受けるまで、彼女の仮説はほとんど無視されていたと言っても過言ではない。

マクリントク女史は、ニューヨーク市郊外のコールドスプリングハーバー研究所で根気強くトウモロコシを育て、その観察を繰り返し、証拠を積み重ねていった。しかし、このような観察だけで遺伝子が動くということを証明するのは非常に困難であった。この証明は、遺伝子クローニングによってトランスポゾン（後述）というDNA配列が発見され、完成した。トランスポゾンとは、宿主DNAに寄生するバクテリオファージのようなDNA配列で、自らDNAを切断し、別の場所に挿入する酵素を発現することができる。

遺伝子を取り出し、動物の遺伝子が個体レベルで変化するということを、はっきり証明したのは、カーネギー研究所のブラウン（D. Brown）およびダビド（I. Dawid）と、エール大学のゴール（J. Gall）であった（1968年）。彼らは、南アフリカ産のツメガエルの卵の中で、リボソームRNAの遺伝子が、その数を数千倍から1万倍にも増やすという現象（遺伝子増幅）を初めて見つけたのである。

なぜリボソームRNA遺伝子が、カエルの卵の中でその数を増やさなければならないのであろうか。おそらくそれは、卵が受精した初期段階においては、遺伝情報を翻訳するという仕事を非常に活発に行わなければならないことに関係しているのであろう。この時期に、卵はどんどん分裂し、１細胞あたりのリボソームの量は急激に減っていくはずである。そこで、急激なリボソームの減少があったとしても、遺伝情報の翻訳が支障なく行われるように、卵は前もって、たくさんのリボソームあるいはその材料であるリボソームＲＮＡを蓄えておく必要がある。このためには、もともとゲノム中にある遺伝子だけでは足りずに遺伝子増幅を必要とするのであろう。

次いで１９７８年、利根川進（マサチューセッツ工科大学）は、抗体の遺伝子が、その形を変えるということを見出した。これは、抗体の遺伝子が、卵子や精子のゲノム中では２つのＤＮＡ断片に分かれて存在しているが、この２つの断片はリンパ球の分化の過程で１つにつなぎ合わせられて、初めて完成されたＶ遺伝子（抗体可変部遺伝子）ができるという驚くべき現象であった（第26項参照）。

同じく１９７８年、著者らは、リンパ球が数々の生理活性の異なる抗体を産生する際に、抗体遺伝子の一部を切り捨ててしまうという現象を見出した。

このようにして、遺伝子は増えたり、その位置を変えたり、また不要な部分を削除したりするというダイナミックな変化をしていることが明らかになった。

DNAはダイナミックに変化する

このような現象は、当初、抗体の遺伝子あるいはリボソームRNA遺伝子といった遺伝子に限られた現象であろうと予測された。ところが、それ以外の遺伝子でも、遺伝子は活発にその姿を変えていることが次第に明らかになった。最近では、発ガン遺伝子（オンコ遺伝子）の周辺で、DNAの組換えが起こることによって、ガン遺伝子が異常に発現され、それがガン発生の引き金になるという現象が見出された。この現象は、遺伝子の構造変化が遺伝子の発現制御を支配するという重要な意味を持っている。

さらに、遺伝病の中で遺伝子の中に3塩基の反復（トリプレット）が含まれているハンチントン病や脆弱X症候群の原因遺伝子の解明から、CAG、CGG、GAA等の単純な反復配列を持った遺伝子座の中で、反復配列の数が増えたり減ったりすることが知られるようになった。この反復配列は、転写される遺伝子の中に含まれているために、ある一定以上の反復数になるとその遺伝子の産物の機能が損なわれ、病気が起こる。多くの場合、このような遺伝病の発症は細胞が次第にその反復数を増やすことによって、徐々に異常タンパク質ができるか発現異常の状態になり発症する。すなわち、個体の中で異常な遺伝子の制御不能な変化により病気が発生することが明らかになった。しかも、その原因は反復配列というDNAの構造そのものにあることがわかった。このような一連の病気をトリプレット病と呼び、遺伝的に診断が確実であり、またその病気の予後に関しても正確な情報を伝えることができる。

かくして、遺伝子は不変であるという神話は崩れ去った。今日では遺伝子のダイナミックな動きがどのように制御され、われわれの体を構成する細胞の機能調節に意義を持つのかが、多くの人々の関心を集めるようになった。

遺伝子が非常にダイナミックに動くということは、微生物を含めた下等生物においてはもっと頻度が高い。１９５８年には、プラスミドの存在が明らかになった。このプラスミドは細菌の中に、ゲノムとは独立したＤＮＡとして存在し、細菌に寄生する形で自分で勝手に増え、細菌が分裂するときに、その子孫に受け継がれる。またしばしば、プラスミドだけが細菌から別の細菌へ移る。

プラスミドとしてもっとも有名なものは、わが国の渡辺力（わたなべつとむ）（慶応義塾大学名誉教授）によって詳しく研究された薬剤耐性因子（Ｒ因子）である。この研究によって、ある細菌の薬剤耐性が次々に仲間に伝播する現象は、Ｒ因子がプラスミドであることにより明快に説明できるようになった。

さらに、別々の耐性因子を持った菌を一緒にすると、複数の抗生物質に対する耐性を持つ菌が生じる現象の解析から、１つのプラスミドから別のプラスミドに、Ｒ因子が非常に高頻度に乗り移ることが明らかになり、ここから「トランスポゾン」という概念が導かれた。

トランスポゾン

トランスポゾンは、特殊な塩基の配列を両端に持っており、この塩基配列の中に入った遺伝子は、ひとつの場所から別の場所に高頻度で飛び移ることができる。これは、遺伝子のテープの切り接ぎを行う酵素の情報を、トランスポゾンＤＮＡが持っているためである。

トランスポゾンは、最近ではショウジョウバエなどの無脊椎動物のみならずヒトにも発見され、広く生物界に分布していることが明らかになった。トランスポゾンの構造は発ガンウイルスであり、逆転写酵素を持つレトロウイルスと非常によく似ている。レトロウイルスもまた、動物のゲノムのいろいろなところに潜り込んだり、動き回ったりするが、発ガン遺伝子の近くに偶然に潜り込むと、その異常発現を引き起こしてガンを発生させるのである。進化的に見れば、トランスポゾンとレトロウイルスとは共通の祖先から由来した可能性があると思われる。

トランスポゾンとよく似た性質を持つものとして、酵母の性を決定している遺伝子がある。酵母には、ａとαという性があり、それぞれの性を決定する遺伝子が存在する。ところが酵母では、性の転換が高頻度に起こることも明らかにされている。この性転換は、やはり遺伝子の変化によって起こるのである。

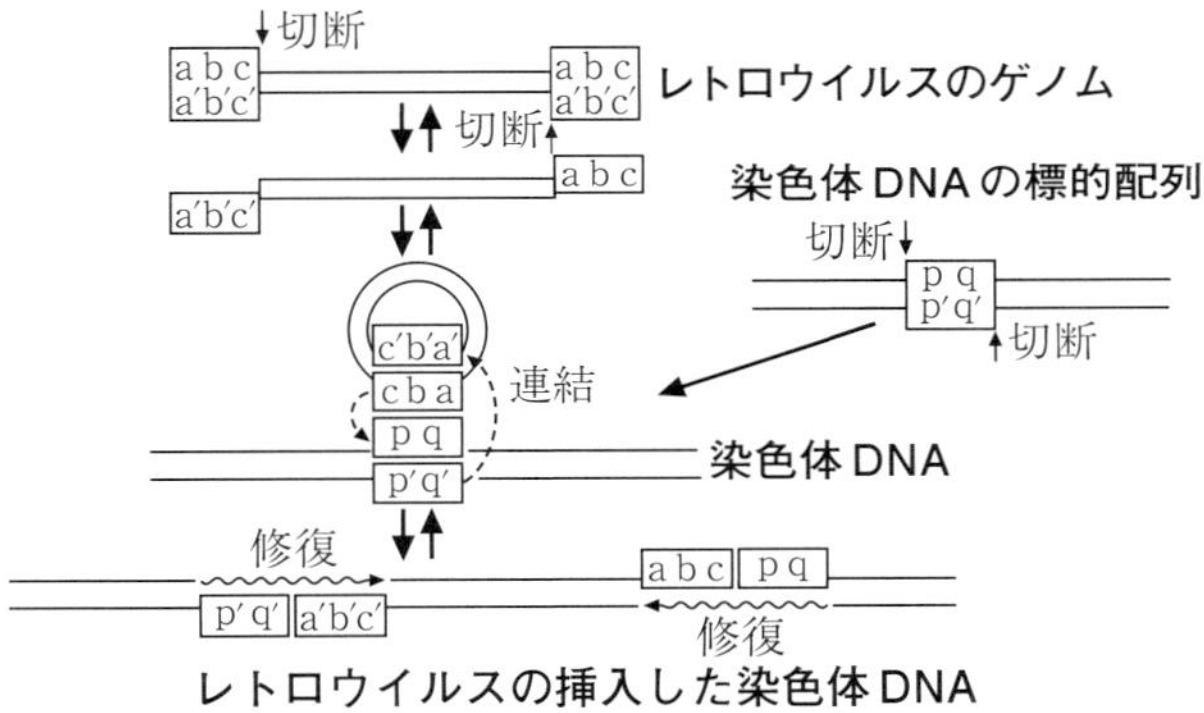

染色体の中にある標的配列の両側とレトロウイルスの末端配列の両端で切断が起こり、両者が連結される。一重鎖の部分の修復が起こり、DNA挿入が完成する。

図31　レトロウイルスが染色体DNAに出入りする仕組み

遺伝子が動くという現象のひとつの典型は、トリパノソーマというアフリカに多い嗜眠(しみん)病の病原体に見ることができる。トリパノソーマが動物に感染すると、動物はこの病原体の表面抗原に対する抗体を作る。そのため、トリパノソーマは免疫防御システムに捕らえられ、その数が急速に低下する。しかし、トリパノソーマの表面抗原の遺伝子は高頻度にその形を変えるので、抗体で捕らえられない病原体がまた新しく増殖する。

そこで宿主は、また新たな抗体を作り、防御網を作り直すが、またトリパノソーマの遺伝子の形が変わって防御網を突破する。このようなイタチごっこの果てに、病原体が宿主を倒してしまうのである。このような表面抗原遺伝子が再構成される仕組みは、病原体にとってきわめて有効な武器となるが、動物にとっては本当に恐ろしい機構である。

今日ではトリパノソーマ以外の細菌についても、その表面にある鞭毛や線毛の遺伝子が動く現象もよく知られている。たとえば、サルモネラ菌の鞭毛や淋病の病原体である淋菌の線毛の遺伝子も、やはり遺伝子を変化させることによって、宿主細胞の免疫反応を逃れようとする巧妙な仕組みを持っている。

このように、いろいろな生命体が動き回る遺伝子をそれぞれの環境で見事に活用している有り様は、まさに生命の多様化の妙と言うべきであろう。

26 細胞分化のプログラム

1個の受精卵から複雑な形と多様な細胞を生み出す発生・分化のプログラムも、ゲノム情報の中にある。この現象を分子生物学の言葉で言い直すとすれば、「一定の組み合わせの遺伝子が、一定の時間に、一定の場所（すなわち特定の細胞）で発現することによって決定される現象」である。分化（細胞の運命決定）の仕組みの解明は、生命科学の神秘に迫ると同時に医学的にも重大な意味を持つ。

生物の多様性は、個体間の多様性や遺伝子の変異によって引き起こされる多様性に限らず、細胞の持つ遺伝情報が決められた時と空間で発現されることによって引き起こされる。これがすなわち細胞の分化である。精子と卵子が融合し生じた受精卵が持つ遺伝情報は、ほとんどの細胞においてそのまま保持されるにもかかわらず、生体内では多種多様な細胞に分化する。

この分化のプログラムも、基本的には遺伝子発現情報としてゲノムの中に刻まれている。まず、卵細胞中にかなりの母親由来のｍＲＮＡが存在し、受精直後にタンパク質に翻訳される。やがて細胞分裂とともに胚の中でのｍＲＮＡの局在化が起こり、各部分の細胞で特異的な遺伝子発現が引き起こされる。遺伝子の発現制御に使われる遺伝子は、転写制御遺伝子群と呼ばれ、ゲノムの中の遺伝子の10パーセント程度がそれにあたると考えられる。

さらに転写制御遺伝子が１対１の対応をするのではなく、その組み合わせによって発現が促進されたり抑制されたりするために、この組み合わせによる遺伝子の多様性はきわめて複雑であることは想像に難くない。転写制御遺伝子の発現は、さらに１つの遺伝子の発現が次の遺伝子の発現を誘発もしくは抑制するというように、時間的なカスケードとして経時的にさまざまな分岐を経て、最終的に分化細胞の運命づけを行う一群の遺伝子の発現へと導かれる（図32）。

また遺伝子発現は細胞の内在的な制御のみならず、細胞外からの刺激によってさまざまな制御を受ける。典型的な例は、細胞初期に内胚葉、外胚葉、中胚葉へと分化誘導を促すアクチビン、

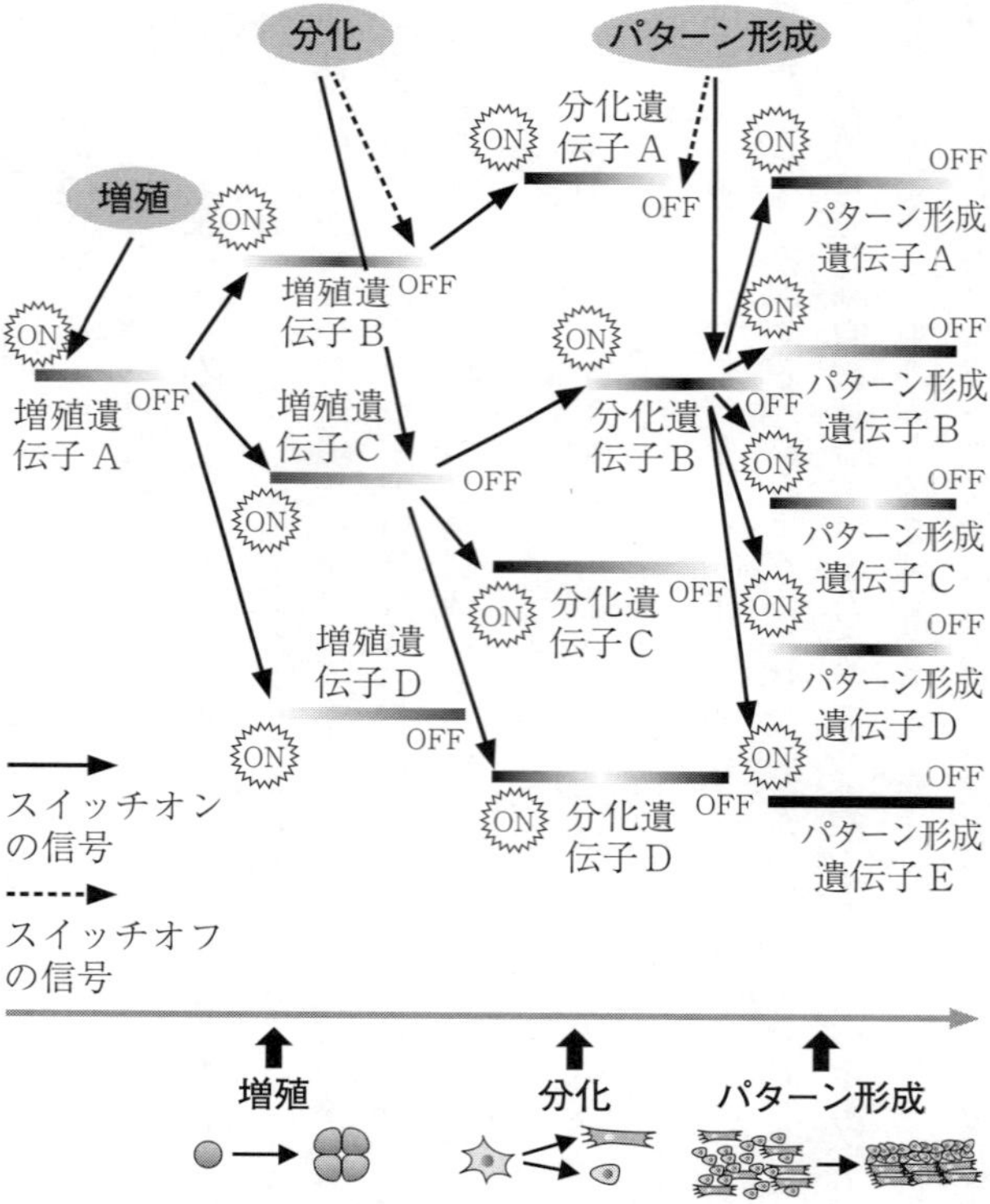

図32 発生は遺伝子の複雑な相互作用で制御されている
分化のプログラムは多数の遺伝子の発現制御の連続的集積と考えられる。ある遺伝子の発現をONとOFFにするスイッチも別の遺伝子によって制御される。発生過程では、増殖と分化とが複合的に起こる。組織形成では細胞の集団が相互に影響しあってパターン（形）を作り出す。
（原図提供：筑波大学・森尾貴広、田仲可昌）

インヒビンのような分泌性の伝達物質で、その量によって遺伝子の発現制御が行われる。このような例は、血液細胞の分化因子等で詳しく研究されている。

また、多くの形を形成する細胞分化に際しては、隣の細胞から情報を得ることによって、自分の運命を決めている仕組みが存在する。たとえばノッチというレセプター（受容体）は、それと特異的に結合する物質（リガンド）を発現する細胞と接し、シグナルを受け、遺伝子発現を制御し細胞の運命を決める。細胞の集団が複雑な形を取る心臓や循環器系の分化に際しては、その中を流れる血流の圧力によってその形を決めるという現象も知られるようになってきた。

このような細胞分化は、細胞の運命決定の仕組みとして一定の不可逆性を保つことが知られている。遺伝子の発現制御は遺伝子そのものの変化を伴わないので、原理的には可逆的であるが、調節遺伝子の間で起きる相互作用や、ＤＮＡのメチル化により、現実にはその多くは不可逆的である。このように、ＤＮＡの塩基配列に変化がないにもかかわらず、遺伝情報の発現を半ば不可逆的に変化させる仕組みを「エピジェネティック（後生的）制御」と言う。この制御はＤＮＡのメチル化やヒストンのメチル化、アセチル化修飾によって行われる（第28項参照）。

生物の形を決める遺伝子

分化の研究も、遺伝子を単離し、これを自由に解析する方法の発達で革命的な変化が起こっ

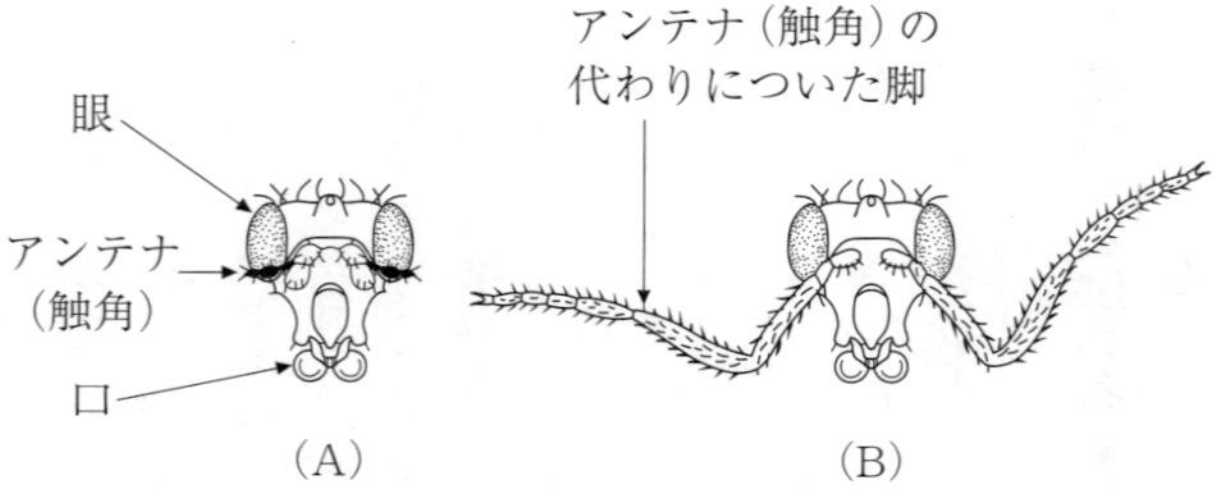

（A）は野生株成虫の頭部。（B）はアンテナペディア突然変異を起こした成虫の頭部。触角の代わりに脚がついている。

図33　ショウジョウバエのアンテナペディア（触角―脚）突然変異

た。

遺伝子を単離する方法が導入されたことで注目を集めたのが、ショウジョウバエの分化の研究である（図33）。古くからショウジョウバエの発生過程において、体の節目を決めている遺伝子が存在することが知られていた。昆虫は頭部、胸部、腹部に大きく分かれるが、それぞれが、さらに3つないし9つの体節に分かれる。それぞれの体節には、触角とか、口唇とか、羽とか違う形のものがついており、ショウジョウバエにおいても、形を決定する重要な単位である。

このような体節の数や位置を決めるホメオティック遺伝子が単離され、その構造解析から、きわめておもしろい現象がわかってきた。ショウジョウバエでは、体節を決定する遺伝子は1ダース近く存在する。それらには、部分的に非常によく似た「ホメオボックス（homeobox）」と呼ばれる配列が存在する。

ホメオボックスから作られるタンパク質は、きわめて塩基性に富んだ構造をしており、ＤＮＡに結合して転写を制御するタンパク質と基本的によく似ている。これらの体節を決定する遺伝子の産物は、核に入り、さまざまな遺伝子の発現を調節する。

ルイス（E. B. Lewis）によれば、これら1ダースくらいの中のどの遺伝子が発現されるかによって、体中の十いくつかの体節の運命が決定される。たとえば、12個の遺伝子の内の1番だけが発現するものは、頭部の触角を含んだ体節になり、1番と2番を発現すると、下唇を含んだ体節になるというように、これらの遺伝子の複数の組み合わせによって、体節の運命づけが行われる。

同じようなホメオボックスを持った遺伝子（ホメオティック遺伝子）は、ショウジョウバエだけではなく、カエルやネズミ、ヒトにも存在することが明らかになった。動物の形を決定する制御遺伝子が、進化の過程で非常によく保たれた遺伝子群であることが明らかになり、生物の形を決めるという、まさに分化の謎が転写制御遺伝子として解明された。

27 細胞分化の再プログラム化と臓器再生

分化した細胞を４種類の遺伝子で未分化細胞に戻し、多分化能を持つ細胞にしたものがｉＰＳ

細胞である。臓器再生を目指して、ES細胞（胚性幹細胞）、iPS細胞や体性幹細胞の研究が進められている。

分化した細胞が、はたして元の受精卵のような全分化能を持った細胞に戻ることができるのかどうかについて、多くの人が長く興味を持っていた。

1962年、ガードンは、腸管上皮細胞の核を脱核受精卵に移植する実験によって、腸管上皮細胞から完全な個体が生じ得ることをアフリカツメガエルを用いて証明した。この確率は0・1パーセント以下ときわめて低いものであったが、もっとも分化した細胞からいわゆる全能性を持った受精卵に近い細胞が生じ得るということを初めて示したことは、きわめて意義の大きいことであった。この核移植の原理を応用して、羊のクローンを作り出すことに成功し、ドリーが誕生した。すなわち、カエルのような両生類だけでなく、哺乳動物でも細胞分化の再プログラム化が可能になったという意味で、この知見は評価されている。

次いで2006年、山中伸弥はネズミの上皮細胞からわずか4種類の遺伝子導入によって全能性を有する幹細胞（iPS）を作り出すことに成功し、iPS細胞から個体が生じることを証明した（図34）。核移植のような染色体を取り巻く環境をまるごと変えることでのみ引き起こされると考えられていた現象を、4種類の遺伝子で可能にしたことは、分化のプログラムを決定する

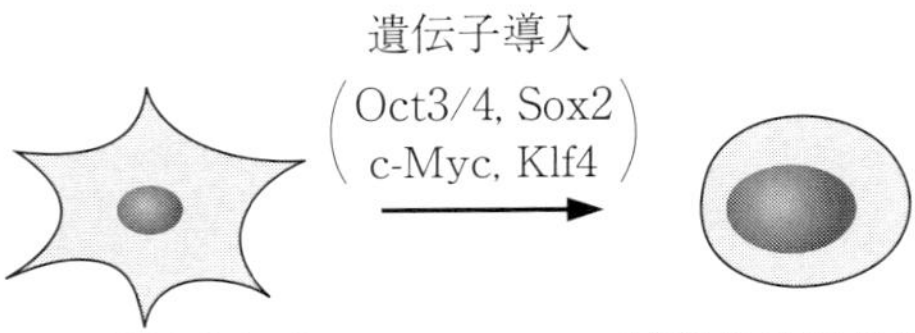

マウスの線維芽細胞に、Oct3/4、cMyc 、Klf4、Sox2の４つの遺伝子をレトロウイルスで導入すると、誘導多能性幹細胞が樹立できる。

図34　iPS細胞の誘導（山中伸弥・高橋和利『科学』第76巻1177ページ、2006より改変）

根本の遺伝子に到達したという点で、大きな意義があると考えられた。また同時にｉＰＳ細胞は、どの人の細胞からでも自由に作製できるので、この現象を利用して個人個人の再生医療の展望が開かれた点できわめてセンセーショナルな結果として迎えられた。

ｉＰＳ細胞をヒトの再生医療に応用するには、まだ乗り越えなければならない壁が多数ある。たとえば、ｉＰＳ細胞は多数の細胞に分化すると同時にガン化してしまうことも少なくない。ヒトに入れるためには、ガン化が起こらないｉＰＳ細胞の作製方法とその検定方法を確立する必要がある。一方で、ｉＰＳ細胞を使えば、試験管の中で分化した細胞を特定のヒトから生み出すことが可能である。たとえば肝細胞を大量に作り、薬剤の肝毒性をスクリーニングする方法にはきわめて有効である。これまではヒトの肝細胞を大量に培養することは簡単ではなかったからである。

ｉＰＳ細胞と並んで全能性を持つと考えられる細胞に、ＥＳ

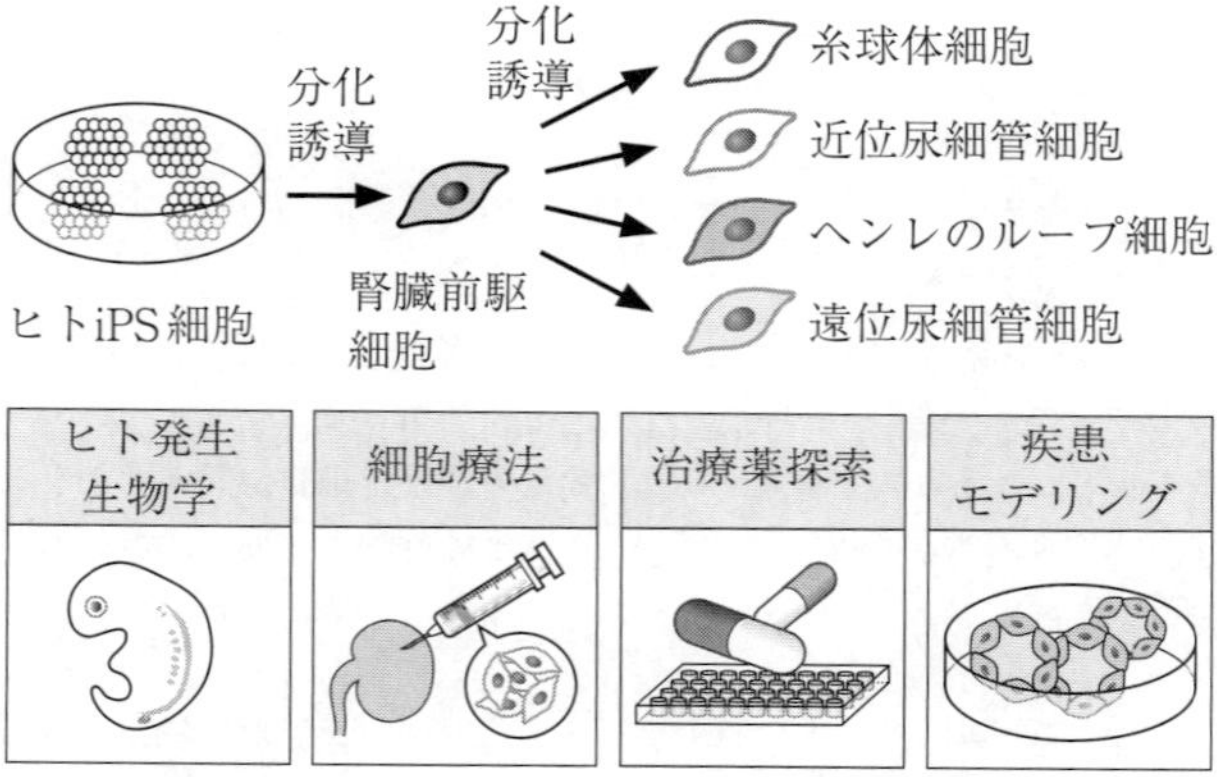

図35　臨床応用を目指したヒトiPS細胞からの腎臓再生
（出典：京都大学iPS細胞研究所　准教授　長船健二）

細胞（胚性幹細胞）と呼ばれるものがある。この細胞は動物の初期胚から分離して長期に試験管内で培養された細胞であり、この細胞を胚に戻すことによって、完全な動物の個体を作り出すことができる。ヒトのＥＳ細胞も樹立され、これを用いて再生医療への応用が考えられている。

しかし、ＥＳ細胞の問題点は、確立したＥＳ細胞から作り出した分化細胞を受け入れることが可能なのは、免疫反応を引き起こさない個体に限られることである。そのために、たくさんのヒトからＥＳ細胞を作り出すことが必要である。しかし、ＥＳ細胞作製にあたって受精胚を殺さなければならないため、すべての人に使えるようなＥＳ細胞を揃えることは困難である。

一方、ｉＰＳ細胞はどのヒトの皮膚細胞からでも作ることが可能であり、オーダーメイドで自分のｉＰＳ細胞を作ることもできる。この点では、ｉＰＳ細胞のほうがＥＳ細胞より使い勝手がよいと考えられている。しかし、ＥＳ細胞とｉＰＳ細胞が常に同じような一定の性質を保つことができるかなど、これから乗り越えなければならない問題点が数多く存在している。

どの細胞からｉＰＳ細胞が作れるのかについては当初議論があったが、イェーニッシュ（R. Jaenisch）の成熟リンパ球を用いた実験により、成熟分化細胞でも約30分の1の確率でｉＰＳに変化できることが証明された。

ところがごく最近、Ｍｕｓｅ細胞と呼ばれる体性幹細胞が皮膚に一定の割合で存在しており、山中4因子によってこれらの細胞が活性化され、分裂してｉＰＳ細胞になりやすいということが報告された。Ｍｕｓｅ細胞は、皮膚以外の組織、たとえば骨髄細胞中にも存在するかもしれない。Ｍｕｓｅ細胞はまたｉＰＳ化させなくても多分化能を有しているという。骨髄の体性幹細胞を本人に移植して肝機能を回復させる臨床治験が行われ、かなりの有効例が報告されている。もしこれが正しいなら、ひょっとするとＭｕｓｅ細胞が骨髄の幹細胞に存在して肝細胞になっているのかもしれない。再生医療は医学の夢であるため過大な期待が寄せられるきらいがあるが、その基礎原理を正確に解明することが安全な応用への近道であろう。

28 遺伝情報の後生的な制御

生命情報はゲノム情報が自己制御する。しかし、その中にエピジェネティック（後生的）制御と呼ばれる仕組みがある。これも基本はゲノム情報の制御の一類型であるが、DNAのメチル化とクロマチンの修飾による制御で、通常の転写因子による制御とまったく異なる仕組みである。

遺伝子の発現が転写因子とDNAの結合によるものだけであるならば、細胞の分化は比較的不安定な可能性がある。たとえば、ある転写因子の発現が何かの理由で低下することによって次々と負の制御が働き、細胞の分化状態が変わってしまう可能性もある。そこで、DNAにある一定の目印をつけながら、なおかつ基本的な情報を変えない仕組みが導入されている。これが、エピジェネティックな制御と言われる仕組みで、主としてDNAのC（シトシン）のメチル化（メチル基が結合することによる修飾）が使われる。どの領域のDNAにどの程度のメチル化が起こるかによって、その領域の遺伝子の発現の抑制度合いが制御される。一般に転写がほとんど行われないと考えられているCG塩基が反復している領域、あるいはその含量がきわめて多い領域ではメチル化が進んでいる。

前項で述べた多能性の幹細胞：ｉＰＳやＥＳ細胞の研究から、重要な遺伝子の発現制御領域のメチル化の度合いで、その細胞の分化能力が決められていることが明らかになった。全ゲノムのどの領域がメチル化を受けているのかを詳しく検索することにより、細胞分化能ならびに分化状態のエピジェネティックな制御が明らかになろうとしている。一般に、分化した細胞ではＤＮＡのメチル化が多いため、再プログラム化するためには脱メチル化が重要になる。ＤＮＡをメチル化する酵素はすでに以前から明らかになっていた。ところが、メチル化したＤＮＡを脱メチル化する酵素はなかなか明らかにされなかった。そのため、多くの研究者がこの酵素を探そうと研究してきた。

抗体遺伝子の多様化に関わる活性化誘導性シチジンデアミナーゼ（ＡＩＤ）というのがある。私が２０００年に発見した酵素で、ヒトの免疫システムの多様化において重要な働きをする（第31項参照）。２００９年末、このＡＩＤがＤＮＡ脱メチル化反応に関与するという論文が立て続けに3報発表された。これは多くの研究者の注目を集め、ＡＩＤの発見者の私のところには、その材料を求める手紙が殺到した。しかし、私にはこの論文が初めから誤りであるとしか考えられなかった。なぜなら、ＡＩＤを欠失したネズミが何十代にわたってもまったく発生分化に影響なく継代されているからである。有名誌に載った論文でも、少し専門領域の違う人が見れば一目で間違いだとわかる例は枚挙にいとまがない。すべての論文を信じることは真にばかげている。案の定、2011年になりDNA脱メチル化に関与する新しい酵素（tet1-3）が発見された。

さて話をエピジェネティック制御に戻すと、iPS細胞を作製し、その分化能がES細胞とどの程度違うのか調べる方法のひとつに、全DNAにおけるメチル化の程度を検索する方法が考えられる。この方法が簡便で低コストで行われるならば、いちいち細胞を分化してネズミになるまで待つ必要がないからである。しかし、忘れてならないもうひとつ大きな問題として、広い意味でのエピジェネティック制御と言われるものには、DNAのメチル化以外にヒストンの修飾がある。

高等生物において、ゲノムは裸のDNAとして存在するのではない。DNAはヒストン8量体の周りに1・7回、約150塩基対の長さが糸巻きのような形で巻き付いてビーズ上に存在する。この単位をヌクレオソームと呼び、DNA上のどこにヌクレオソームが形成されるかはランダムに決まると考えられてきたが、今日ではそのポジションは比較的安定しており、DNAの塩基配列によって糸巻きが置かれる位置が大略決まると考えられている。

DNAの転写は、このような糸巻きをほどきながら進んで行く必要がある。ここでヒストンシャペロンという一群のタンパク質がヌクレオソーム中のヒストンを出し入れし、RNAポリメラーゼがDNAの上を移動して転写を行うことを助ける。ポリメラーゼの進む前では、ヒストン8量体の一部をほぐし、ポリメラーゼを通過させ、その後、素早く元のヒストン8量体に再構築し

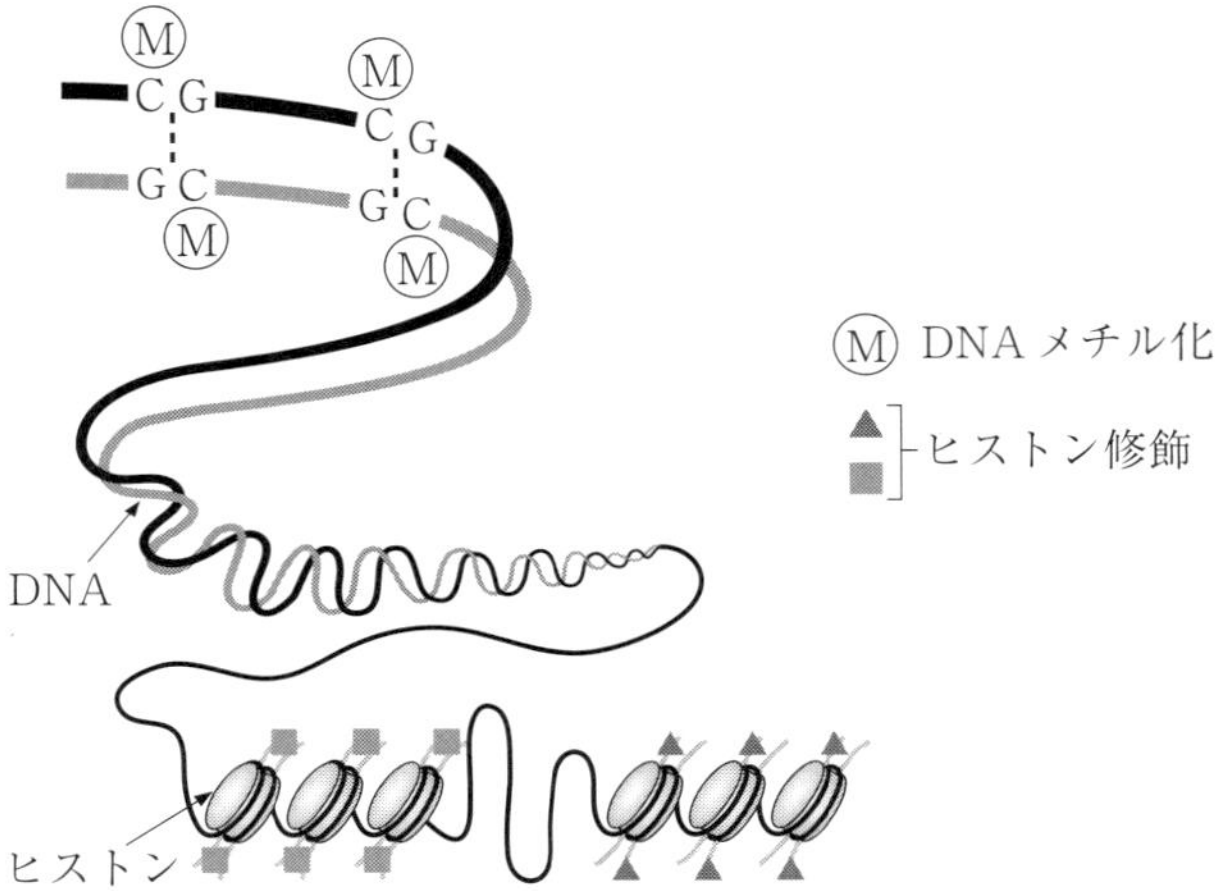

図36　DNAのメチル化とヒストン修飾
下部のヒストン修飾を受けたクロマチン構造からDNA、さらにDNAのメチル化状態までを連続的に模式図として表した。

て、何事もなかったように進んで行く。それのみならず、ヒストンの特定の位置のメチル化やアセチル化（アセチル基が結合することによる修飾）も同時に進行する。また逆に、転写が起こりやすいところには特定のヒストンの修飾が起こっていることが知られている。その修飾は、とりわけH3ヒストン（第６項参照）のリジン（アミノ酸の一種）の修飾（たとえば4番目、9番目、27番目、36番目など）によって転写の抑制に働いたり促進に働いたりする。

ヒストンのメチル化と脱メチル化に関する酵素だけでも数十種類もあり、しかもそれがどのような仕組みで特定の遺伝子の特定の場所のメチル化に関与しているのかは、まだ不明である。しかも、ヒストンのメチル化によって直接制御を受けているDNA組換えが知られるようになり、遺伝子発現制御の奥深さを痛感させられる。

DNAのメチル化修飾とヒストンのメチル化やアセチル化修飾は、DNAの塩基の変異と異なり原理的に可逆的であるが、一定の安定的変化である。この結果、先天的遺伝情報を後天的に修飾することになる。今日、母胎内での栄養状態が新生児のその後の発育に影響を与える理由として、エピジェネティック制御が考えられている。

29 感染症から逃れる仕組み

人類の生存は感染症との戦いであった。微生物を含めた外来の異物を認識し、排除するのが免疫系である。免疫系には病原体の大雑把な特徴を識別する自然免疫と、細かい特徴を識別し、記憶できる獲得免疫がある。脊椎動物の寿命が長いのは、それまでの生物になかった獲得免疫を進化させたからと考えられる。

免疫系は、われわれの生命体を外界から来るさまざまな侵入者から守ることを目的としている。免疫系にとって、もっとも重要な任務は自己と非自己（異物）を区別して、できるだけ速やかに異物を排除することである。異物を識別する仕組みとして、高等生物には自然免疫と獲得免疫という2つの異なる原理に基づく機構が備わっている。ちなみに、生命科学では、結合できることを「認識する」と称し、結合の強さに違いがあることを「識別する」と言う。

自然免疫は、昆虫等の無脊椎動物にも見られ、その異物認識はパターン認識と呼ばれる仕組みである。たとえば、核酸であるとか糖であるとかいった物質の大まかな構造に結合し、生体が通常出会わない自分とは違う物質に遭遇したことを免疫系の細胞に伝えるものである。このパターン認識を司る受容体構造はトル様受容体（ＴＬＲ）と呼ばれ、近年この分野の研究に大きな焦点が当たった。

ショウジョウバエの発生に関わるトル（Ｔｏｌｌ）と呼ばれる分子が異物認識に関わることを見つけたホフマン（J. A. Hoffmann）の先駆的な研究が発端となり、トルと類似の遺伝子が高等生物、脊椎動物でも存在することが明らかになった。現在、ヒトやマウスでは11種類程度のＴＬＲ分子が知られ、それぞれが核酸や脂質、糖脂質等構造パターンを認識することが知られている。この認識が起こることによって、その受容体を持つ細胞が活性化され、さまざまな遺伝子の転写が起こる。その活性化シグナルは、やがてサイトカインと呼ばれる物質の分泌につながる。

ＴＬＲはマクロファージなどに発現しており、これらの細胞が獲得免疫における抗原提示細胞（次項参照）として働くことにより、自然免疫から次の獲得免疫へと免疫応答が引き継がれるのである。

一方、獲得免疫は、Tリンパ球、Bリンパ球の2種類が主役である。その抗原認識はきわめて精緻であり、分子のわずかな差異も識別する。

このうち、Bリンパ球は「抗体」というタンパク質によって、外界からの異物すなわち抗原を認識する。抗体分子は、Bリンパ球の表面に発現される型のものをB細胞受容体と呼び、血液中に分泌され体内を循環する型のものを抗体と称するが、両者の違いは膜結合領域があるかないかだけである。獲得免疫の大きな特徴は、出会った抗原を記憶できることであり、これについては第31項で詳しく述べる。

抗体には、抗原を認識する場所、すなわち「可変部（variable region V領域）」と、抗原を認識した後、これを処理（分解や喰食など）するために必要な場所、すなわち「定常部（constant region C領域）」とがある。

たくさんの種類の抗原に対応する可変部は、膨大な種類が存在する。抗体の分子は「L鎖」と「H鎖」という2種類のポリペプチドからなっており、それぞれが2本ずつ合計4本の組み合わせで1分子の抗体となる。H鎖とL鎖の1本ずつの組み合わせで1つの抗原結合（認識）部位が作られるので、抗体1分子は2ヵ所の抗原結合部位を持つことになる。

一方、抗原を認識した後の処理は限られた方式で行われるので、定常部の種類は数が少ない。

Ｈ鎖の定常部の種類により、抗体はＩｇＭ、ＩｇＤ、ＩｇＧ、ＩｇＥおよびＩｇＡの５種類に分けられ、それぞれ違った抗原処理能力を持っている。抗体は、ウイルスや細菌に直接結合してマクロファージが喰食するのを助けたり、補体系と呼ばれるタンパク質分解酵素を活性化することで細菌を殺して感染を防いだりして症状の悪化を防ぐ。抗体は血液中を循環するので「液性免疫」と呼ばれる。

Ｂリンパ球と並んでもうひとつの免疫細胞であるＴリンパ球は、Ｔ細胞受容体（レセプター）という独自の抗原認識物質を表面に持っている。Ｂリンパ球の抗体と違って、Ｔ細胞受容体は血液中に分泌されることはない。したがってＴ細胞の抗原認識は、細胞自身が抗原と出会ったときだけ起こるので、「細胞性免疫反応」と呼ばれている。

Ｔ細胞受容体も、基本的には抗体とよく似た構造をしている。α鎖とβ鎖（またはγ鎖とδ鎖）の２本からなり、分子の先端に抗原を認識する可変部があり、残りが定常部である。しかし、Ｂ細胞とはまったく異なる仕組みで抗原を認識する。すなわち、まず抗原提示細胞が抗原を喰食し、タンパク質の断片（ペプチド）に分解する。それに主要組織適合性抗原（ＭＨＣ）と呼ばれる分子が結合し、複合体を形成して細胞表面上に発現される。Ｔ細胞受容体は、この複合体の中の抗原ペプチドを認識する。たとえてみれば、自己のＭＨＣはＴ細胞受容体専用の皿で、この上に乗った抗原ペプチドのみ識別することができる（図37）。Ｔリンパ球の中のキラーＴ細胞

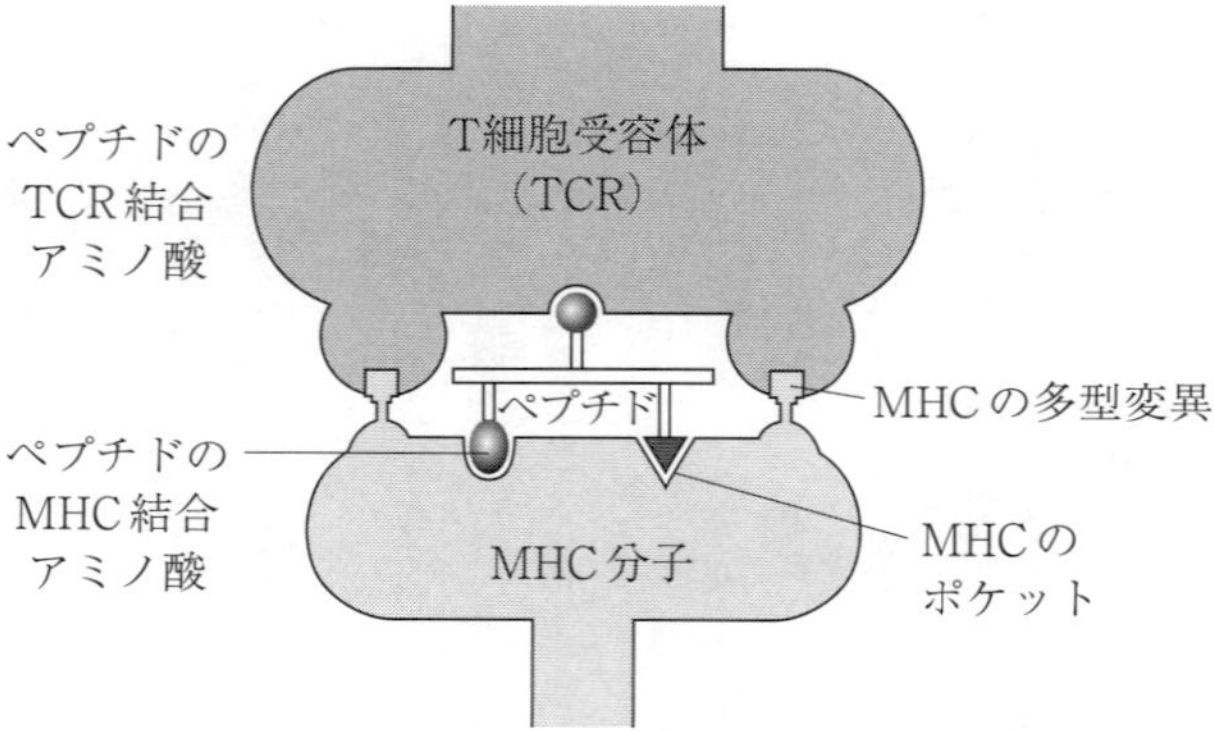

図37　T細胞受容体がMHC上の抗原ペプチドを認識する仕組み

は、ウイルス感染した細胞が表面に出すウイルス由来ペプチドとＭＨＣ複合体を識別して殺すことにより、ウイルスの増殖を防ぐ。

リンフォカインとサイトカイン

Ｔリンパ球は抗原を認識すると同時に、Ｂリンパ球による抗体の産生を調節する役目を担っている。これは、ヘルパーＴ細胞と呼ばれる種類のＴ細胞が、抗原を認識すると「リンフォカイン」と総称される制御物質（一種の局所性のホルモン）を放出して、他の免疫系細胞の増殖や成熟を制御するためである。この制御は他のホルモンと同じく、リンフォカインと結合するレセプター（受容体）を持った細胞にだけ働く。

代表的なリンフォカインとしては、γ―インターフェロンやインターロイキン（ＩＬ）があり、現在ＩＬ―33まで知られている。リンフォカインの中には、あ

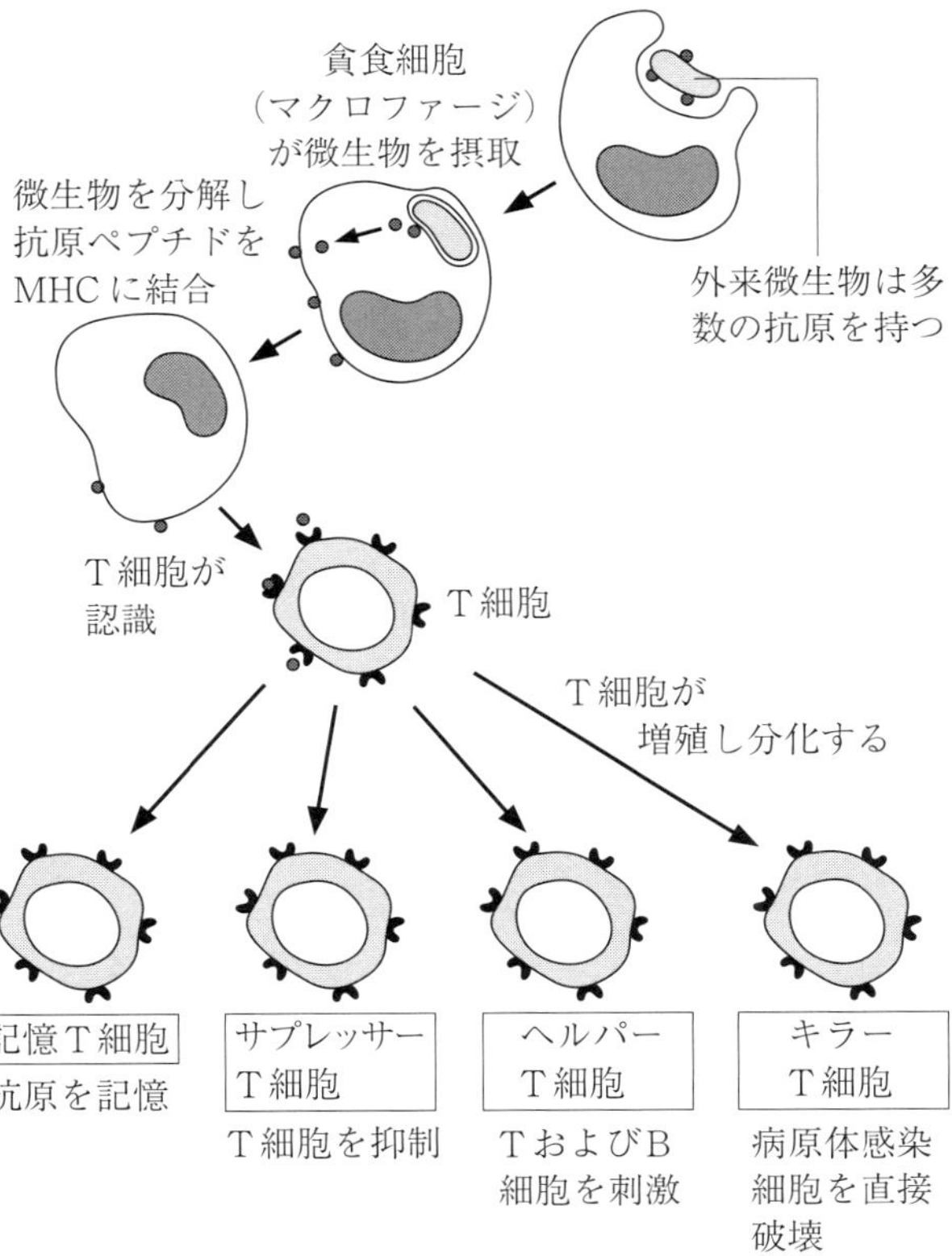

図38　免疫獲得におけるT細胞の抗原認識と分化

る細胞が自分で分泌して自分の増殖に役立てるようなものもある。リンフォカインはサイトカインと総称されるもののうち、リンパ球が産生するものにつけられた名前である。サイトカインは、すべての細胞が産生する分泌性の情報伝達物質につけられる名前である。このようなサイトカインは、極微量で生理活性を示し、免疫応答や炎症反応の賦活剤あるいは抑制剤として、さまざまな病気の治療に用いられようとしている。すでにリウマチの制御剤として、TNFαに対する阻害抗体、また岸本忠三によって発見されたインターロイキン6受容体に対する阻害抗体等が臨床で使われており、非常に大きな治療効果を与えている。

30 獲得免疫系による自己と非自己の識別

免疫系のもっとも重要な機能は、自分と自分以外のものを識別する力である。獲得免疫系の強力な破壊力が自己に向けられないように、免疫系にはさまざまな仕組みが備わっている。無限とも思われる侵入異物に対する膨大な多様化システムの成立とは裏腹に、自己への反応性を制御する巧妙な仕組みが進化した。

獲得免疫系の第一の目的は、無限に存在するかもしれない外来微生物等の抗原を、いかにきちんと認識するのかという基本的な仕組みを確立することである。このためには、抗原受容体の種類がきわめて多種類存在することが必要である。限られた遺伝情報の中から、どうやって何千万、何億もの種類の抗原受容体を産み出すことができるのであろうか。この謎に対する答えとしては、遺伝子断片の組み合わせによって新たな遺伝子を生み出すという巧妙な方法が、利根川進らによって明らかにされた。

「ＶＤＪ組換え」と呼ばれるこの遺伝子組換えの仕組みは、抗体遺伝子（Ｂ細胞受容体）とＴ細胞受容体遺伝子の両方に用いられており、この組換えを行うＲＡＧ１とＲＡＧ２という酵素もＢリンパ球とＴリンパ球に共通である。

このような遺伝子組換えが起こる仕組みは、脊椎動物のかなり早い時期に始まったと思われる。しかし、脊椎動物の祖先系と考えられる脊索動物であるヤツメウナギやメクラウナギなどには、この仕組みは存在しない。また、ＲＡＧ１、ＲＡＧ２の遺伝子にはイントロンがなく、遺伝子の組換えを行う仕組みが決まったＤＮＡ配列を目印とした断片のつなぎ合わせ様式となっている。これらの特徴が、トランスポゾンと呼ばれる自ら遺伝子の改変を行う仕組みときわめて似ていることから、その進化の原点はトランスポゾンが脊椎動物の祖先系に侵入したことに起源があるのではないかと考えられている。つまり、今日地球上に存在する脊椎動物の祖先のどこかで、このようなトランスポゾンの感染が生殖細胞に起こり、今日地球上に存在する脊椎動物はすべてその子孫であるという驚くべき推論であるが、今日それが多くの研究者の支持を受けている。

ＶＤＪ組換えの仕組みの特徴は、２個あるいは3個の抗原認識部位の遺伝子断片を組み合わせることにより、それぞれがたとえば10通りずつしかなかったとしても、組み合わせの力によって１０００種類（10×10×10）の組み合わせが生まれることにある。さらに、接続部位における塩基配列の付加の結果、ゲノムの上に存在しない塩基配列が接続部位に付加されることにより、余分なアミノ酸が挿入され、さらに著しい多様性を生み出す。

次の問題は、このような膨大な多様性を持つ抗原受容体を作り出す仕組みが、組み合わせの力によって行われるとすれば、一種の無秩序的な多様化が起こることである。そのまま使うとすると、中には自分自身の組織を抗原として認識し、攻撃する可能性のある抗原受容体も含まれてしまう。ここにおいて、生物はこのような遺伝子組換えによって生じた多様な抗原受容体集団の中から、自らを強く認識するものを排除もしくは抑えこむ仕組みを兼ね備える必要がある。

その仕組みの主要なものは、第一に、胸腺におけるTリンパ球の選択である（図39）。Tリンパ球が分化成熟する胸腺の中では、体中のさまざまな種類の抗原が発現される仕組みがあるらしい。自己抗原ペプチドを未熟なTリンパ球が認識すると強いシグナルが入り、Tリンパ球は死を迎える（アポトーシス）ことによって排除される。胸腺の中でまったく自己のＭＨＣ抗原刺激を感じなかったリンパ球は増殖できなくて、これまた消えてしまう。自己のＭＨＣと弱く反応する

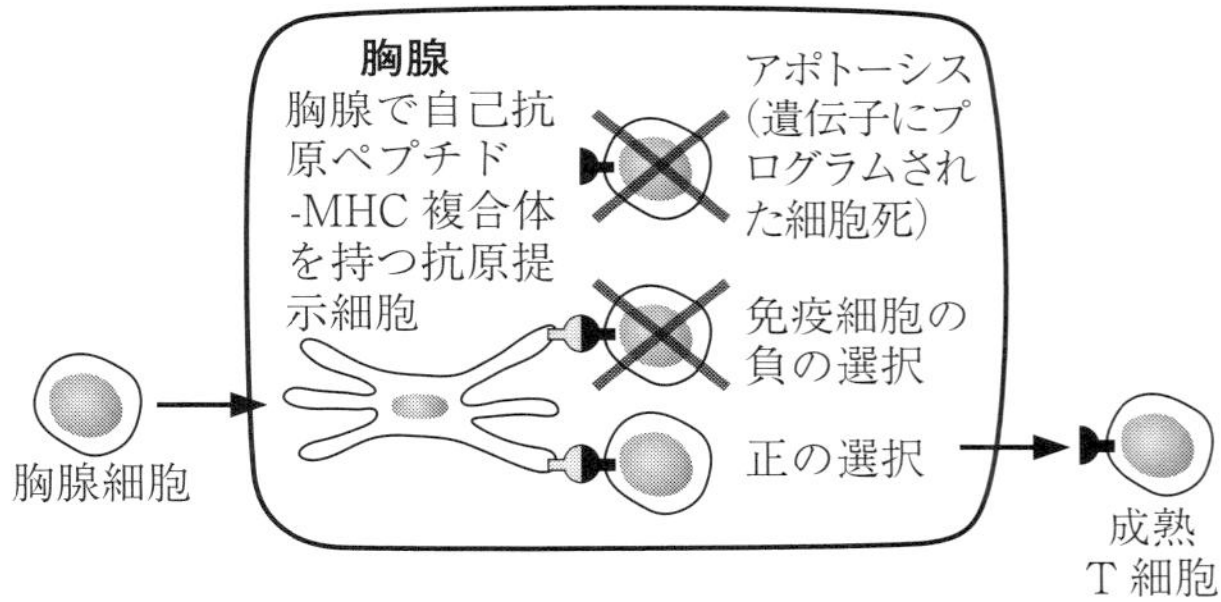

図39　胸腺におけるTリンパ球の選択

細胞だけがほどよい増殖刺激を受け、成熟したTリンパ球になるという仕組みが明らかになっている。

しかし、このような選択だけでは間違った免疫反応を完全に制御することはできない。胸腺から出てきたTリンパ球が末梢組織で炎症によって大きな増殖をし、組織を攻撃することを防ぐために、免疫応答を活性化するアクセル役の分子に加えて、抑えこむブレーキ役の分子が存在している。またさらには、抑制性T細胞と呼ばれる細胞がTリンパ球の分化の過程で生じ、過度の免疫応答をバランスよく制御する役割を担っている。残念ながら、まだどのような仕組みで抑制性T細胞が免疫抑制をするかは明らかではない。まとめると、胸腺におけるいわゆる中枢性の選択と末梢における制御、この２つが大きな仕組みとして自己への反応を制御している。

31 ワクチンの効果は免疫記憶の形成による

ワクチンが効果を現すのは、免疫反応に記憶が存在することによる。とりわけBリンパ球が作る抗体は、抗原刺激によって抗原との結合を増加させ、抗体のクラスを変えて抗原処理に適したクラスを生じる。抗体のこの変化は抗体遺伝子に変異が入ることによる。

免疫の意味するところは、一度出会った抗原を記憶し、再び出会ったときには強い免疫応答によって病原体の感染を防ぐか、あるいは症状をきわめて軽減することである。この仕組みを利用して人類が考え出したのが、ワクチンである。すなわち、弱毒化あるいは不活化した病原体を前もって投与することによって、病原体に対する免疫記憶を形成させることにより、病原体に対する抵抗力を獲得したのである。

1798年、ジェンナー（E. Jenner）は牛痘を健常な子どもに接種することによって、天然痘の感染を防ぎえることを証明した。この結果、ラテン語で牝牛を意味するヴァッカ（vacca）にちなんでワクチン（vaccine）の名が生じ、種痘（ワクチン接種）の効果が見出され、免疫の仕組みが実用的な医学の場に導入されたのである。

90年後の１８９０年には、ベーリング（E. A. Boehring）と北里柴三郎によって、少量のジフテリアや破傷風の毒素を投与した馬の血清中に、毒素の活性を中和する物質が存在することが証明された。すなわちワクチンの効果は、血清の中に存在する物質によって担われていることが明らかとなったのである。この血清中の物質こそ、抗体そのものである。したがって、ワクチンの目的は、抗原を記憶した抗体を作らせることにあると言っても過言ではない。

では、どのようにして抗体分子はワクチン抗原を記憶するのであろうか。ここにおいても、遺伝子の変異が導入されることが明らかとなった。

抗体を作るＢリンパ球の中では、抗原刺激によってＡＩＤ（活性化誘導性シチジンデアミナーゼ）という分子の発現が誘導される。ＡＩＤの発現により、抗体遺伝子に２つの遺伝的な変異が導入される。第一は、抗体の可変部、すなわち抗原認識部位に塩基の置換（体細胞突然変異）が導入され、抗原との結合力の高い抗体を作り出す。先のＶＤＪ組換えによって作り出された抗体レパートリーの中から、抗原を認識した細胞がＡＩＤを発現し、その細胞の抗体遺伝子に、さらに細かい塩基の変異が導入される（図40）。

変異によって生じる抗体の大部分は、結合にプラスに働くより、むしろ抗原との結合を弱めてしまう。しかし、少ない確率ながらその結合を強めるものが生じる。抗原に効率よく結合してできるＢ細胞受容体を発現するＢリンパ球は抗原を取り込んで、Ｔリンパ球に効率よく抗原を提示

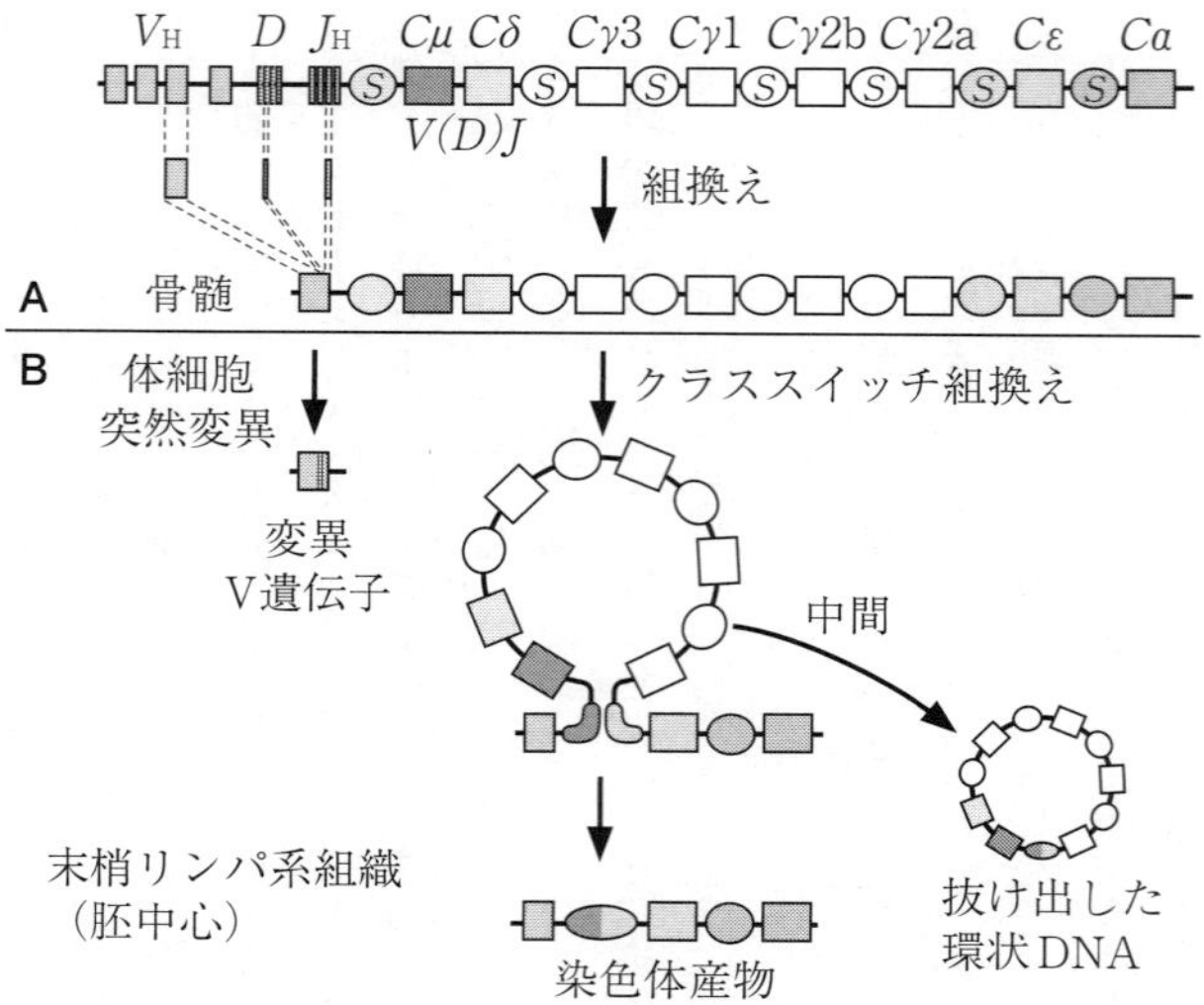

A　骨髄におけるVDJ組換えによる抗体レパートリー形成

B　末梢リンパ組織胚中心におけるAIDによる体細胞突然変異とクラススイッチ組換え

図40　免疫グロブリン遺伝子座の再構成

(Kazuo Kinoshita & Tasuku Honjo, Nature Reviews Molecular Cell Biology 2, 493-503, July 2001)

することができる。その結果、Ｔ細胞は活性化され、サイトカイン等の増殖刺激をＢリンパ球に与え、抗原に強く結合するＢリンパ球受容体を持ったＢリンパ球の著しい選択的増殖が起こる。

この一連の現象では、突然変異によって生じた高親和性抗体産生Ｂリンパ球を環境（抗原）が選択する図式が成立し、ダーウィン的自然選択が個体の中でも発揮された例と解釈できる。かくして、ＡＩＤによる抗体遺伝子への変異導入により、抗原の記憶は遺伝子に固定され、この細胞が生きている限り、ワクチンの効果は続くことになる。

ＡＩＤの発現による第二の変化は、抗体のクラスを変えることである。通常のＢリンパ球は免疫グロブリン（Ｉｇ）のうちＩｇＭ抗体を産生しているが、抗原刺激によってＩｇＧ、ＩｇＥ、ＩｇＡなどの抗体を産生する細胞に変わる。この変化は「クラススイッチ」と呼ばれ、この際には遺伝子の大幅な欠失を伴うＤＮＡ組換えが起こる。このようなクラスの変化（クラススイッチ）は、結合した抗原をどのような仕組みで処理するかという、抗体の効果の多様性を生み出す。また体の特定の場所に特化した機能を生み出す。たとえば、ＩｇＡは粘膜や母乳中に分泌され、細菌の侵入を防ぐ。ＩｇＧは胎盤を通して胎児に移行する。

ＡＩＤの誕生は、ＲＡＧ１、ＲＡＧ２より進化の上で古いことが明らかになった。すなわち、脊索動物であるヤツメウナギやメクラウナギにすでにＡＩＤの祖先型が存在している。興味深いことに、これらの生物における抗原受容体は、ＲＡＧ１、ＲＡＧ２によって作られる今日型の抗原受容体とまったく異なる構造をし、非常に強い接着性を持ったＶＬＲと呼ばれる分子であることがクーパー（M. D. Cooper）らによって明らかにされた。ＶＬＲは、ＡＩＤ祖先型分子により遺伝子断片の情報をつなぎ合わせる遺伝子変換（gene conversion）と呼ばれる遺伝子再構成を受けてできあがる。ＡＩＤの祖先は、今日のＡＩＤと同じように遺伝子の再構成を用いながら抗原受容体を作り上げていたのである。

この仕組みは、今日、ＡＩＤ自身の働きにも引き継がれており、体細胞突然変異や遺伝子変換、クラススイッチにおける遺伝子切断などの仕組みは、おそらく基本的に同じものであったと考えられている。では、なぜ脊索動物にＡＩＤが誕生したことでＶＬＲ遺伝子への変異の導入が可能になり、そして脊椎動物ではＶＬＲは消えてなくなったのであろうか。

ＶＬＲ消失の理由は、先に述べたＲＡＧ１、ＲＡＧ２を含むトランスポゾンの感染が脊椎動物進化の初期段階で起こったことにより、新しい免疫受容体の多様化機構が生じたことによると思われる。ＲＡＧ１、ＲＡＧ２はトランスポゾンに組み込まれた効率的なＤＮＡ切断機構を持ち込み、抗体やＴ細胞受容体遺伝子の祖先型遺伝子の中に潜り込んだ。このトランスポゾンはたんにＲＡＧ１、ＲＡＧ２という切断酵素だけではなく、その切断部位を示すＤＮＡ組換え認識配列までも一緒にもたらした。このことにより、抗体遺伝子祖先型の分断とその後の遺伝子重複が起こり、その断片の組み合わせによる多様化の機構（すなわちＶＤＪ組換え）が進化したと思われる。トランスポゾンの挿入により、一気に新しい免疫受容体多様化機構ができあがったものと考えられるのだ。

このような強力な仕組みに比べると、ＶＬＲで使われていたような遺伝子変換により、相同組換えを何度も繰り返しながら、尺取虫のように小さな断片をつなぎ合わせて抗原受容体遺伝子を作り上げていくという仕組みははるかに非効率であり、消えてなくなったと思われる。一方、ＡＩＤはできあがった抗体遺伝子に、さらに変異を導入する仕組みが抗原記憶形成として有効であるのでそのまま保持され、抗体の記憶形成に大きな役割を果たすようになった。この段階で、ＶＤＪ組換えによる免疫受容体のレパートリー形成と抗原遭遇後の記憶形成とが、２つの酵素系によって別々に担われるという仕組みができあがったと考えられる。

ＡＩＤの祖先型の誕生によって発生したＶＬＲの多様化は、ＲＡＧ１、ＲＡＧ２と比べてはるかに原始的な仕組みに頼っていたと考えられる。すなわち、生命体がゲノムの多様化を促すために古くから持っていたゲノム不安定化の仕組みを、そのまま活用しながら遺伝子変換を行っていたのではないか。

ＡＩＤの祖先型のシチジンデアミナーゼの誕生により、一般的なゲノム不安定化の仕組みから獲得免疫の仕組みを生み出すために、２つの重要なことが必要であった。第一は、変異の頻度を１０００～１万倍に上げることである。第二は、これがリンパ球のみで起こることである。従来の生命体が持っていた仕組みにひと味違うものを加えることによって、新たな仕組みを導入するという進化の方法はきわめて一般的である。ＡＩＤの誕生による免疫系の多様化は、感染から身を守るという根本的な利点を持つ仕組みとして、進化の流れの中で選択された。しかしながら同時に、この仕組みはゲノムの不安定化という従来の仕組みをさらに強化したため、ＡＩＤの誕生は免疫系の多様化と同時にゲノム不安定化の頻度を上げるという危険性を生じた。

これを防ぐために、生命体ではＡＩＤの発現をきわめて厳格に、Ｂリンパ球が活性化されたときのみ起こるようにしたのである。しかし、それにもかかわらず、ＡＩＤの発現制御が壊れたときにはゲノム不安定化の誘発は免れない。進化的に考えるならば、感染症によって個体が子孫を残すまでに死ぬことに比べれば、ゲノムの不安定化により発ガンを誘発するリスクは十分トレードオフできる程度のリスクであったと考えられる。このトレードオフによって、脊椎動物は精緻な抗原認識と抗原記憶による感染防御という仕組みに支えられ、飛躍的な長寿という大きな進化を遂げることになったと想定される。

32 発ガン・ゲノム不安定性・放射線

生命体にとってもっとも重要なことは、生きることである。このために、生物はあらゆる遺伝情報を活用している。しかし、生物は無限に生きることはない。死ぬべく生まれたのが生物と言える。しかし、ガン細胞はその生物の掟に逆らい、永遠に生きるために細胞の仕組みが変わった存在と考えられる。生物の掟を逸脱したガン細胞によって、その個体自身の生命が終わりを告げる。人口の高齢化とともに、ガンによって死ぬ人の割合が次第に増えるのは、各国共通の現象である。ガンはどのようにして起こるのであろうか。

ガンの研究は、医学研究者にとってもっとも大きな課題である。これまで、膨大な数の研究者と膨大な額の研究費がガン研究に投入されてきた。その結果、ガン細胞というものに関する情報が次第に蓄積したことは事実であるが、依然としてガンによって死ぬ人の割合と数は増える一方である。

米国では１９７１年、ニクソン大統領のリーダーシップによって、「ガンとの戦い（The War on Cancer)」と名付けられたガン征圧計画が立ち上げられ、ＮＩＨ（米国立衛生研究所）に巨額の研究費が投入された。しかし、このプロジェクトは１９９３年に行われた20年後のパネルレビューによって、次のような評価を下された。「１９７０年以来、２３０億ドルがＮＣＩ（ＮＩＨの中のガン研究所）に投入されたにもかかわらず、分子生物学や基礎生物学の進展に比べて全体としての進展には落胆を禁じえない」。つまり、これほどガン研究、特にその治療に関する研究は困難をきわめた。

しかし、人類はガンについてまったくお手上げかと言うとそうでもない。第一に、われわれはガンの多くが遺伝子の変異によって起こることを知った。次に、ガンを引き起こす遺伝子としてはガン原遺伝子とガン抑制遺伝子の2種類が存在する。たとえば、そもそも細胞の増殖シグナルを与えるような遺伝子（ガン原遺伝子）の過剰発現はガンを引き起こしやすい。逆に、異常増殖を抑えるような仕組みを担っている遺伝子（ガン抑制遺伝子）の機能の損傷は、これまたガンを引き起こす。

ガンの原因がこのような遺伝子の変異によって起こるということから、遺伝子の変異を起こす仕組みの解明が行われた。その原因としてまず考えられることは、細胞分裂に際して、遺伝子の複製が必ずしも完全無欠に正確には起こらないということによる突然変異に由来する可能性があることだ。それを防ぐために、細胞には多くのDNA修復機構が備わっているが、すべての仕組みに完璧ということはありえない。

実は、それ以外にもわれわれの遺伝情報に変異を与える仕組みは多数存在する。DNAの細胞内の代謝によっても塩基の損傷が起こる。さらに、自然界に存在する放射線、宇宙線などによって、われわれの体は常に一定頻度の突然変異に見舞われるリスクを背負っている。自然界にはかなり大量の放射線が含まれており、たとえば体重60キログラムの人体中に常時存在する放射性のカリウム40は約4000ベクレルであり、同じく放射性の炭素14は2500ベクレル程度と言われている。

また、内在的に遺伝子の変異を引き起こしやすいDNAの構造的な問題が知られている。遺伝的に変異を高頻度に引き起こす病気として、ハンチントン病に代表されるトリプレット病と呼ばれるものがある。DNAに3塩基配列（たとえばGAG）が反復した領域が存在する遺伝子がある。このような領域では、細胞の分裂や転写に伴い、このトリプレットの数が増えたり減ったりし、それによって遺伝子の発現異常が引き起こされる。

さらに近年、内在的突然変異誘発物質としてAIDの役割が疑われている。ウイルス感染によって本来抗原刺激を受けたときのみ発現するAIDが、肝細胞やリンパ球に発現するという報告がある。前に述べたように、AIDはBリンパ球では遺伝子変異を導入する遺伝子であり、その仕組みはゲノム不安定性に関わるものであるから、その発現によって抗体以外の遺伝子変異が増大し、ガン遺伝子が突然変異のターゲットになり発ガンを誘導することは想像に難くない。事実、AIDを異所性に高発現させたネズミにおいては、多数の組織においてガンの発症が示されている。

さて、注意しなければならないのは、遺伝子の変異が起こるからといって、すべてがガンになるわけではない。ガンが増殖し、個体の生存を脅かすほどの存在にならないように、われわれの

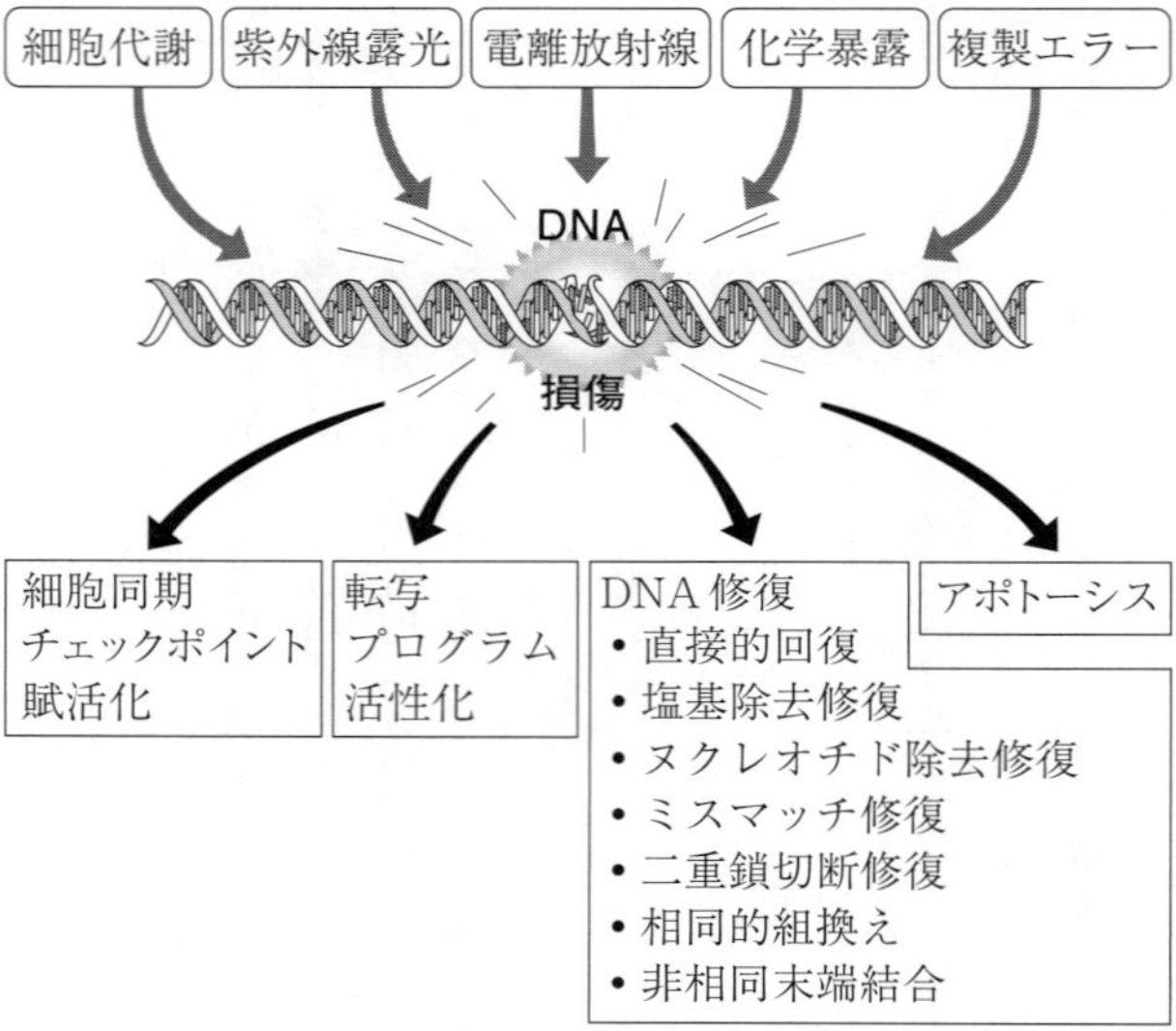

DNAはさまざまな原因によって損傷を受ける。DNAが損傷を受けたことを細胞が感知すると、細胞周期を停止し、転写を開始したりして、DNA修復を行う。損傷が修復できない場合には、アポトーシス（細胞死）を起こすこともある。

図41　DNA損傷における反応

体には多数の安全装置が存在する。まず、大部分の変異は、細胞の増殖に適したような変異ではなく、変異を起こしたほとんどの細胞は死滅する。次に、稀に起きた増殖に有利になるような変異を持った細胞といえども、そのような細胞は通常の遺伝子発現を逸脱している場合が多く、生体の免疫系によって識別され、小さな段階で排除される。このような数々の防御系を乗り越えて増殖したガン細胞だけが大きな腫瘍となり、存在する個体の組織を圧迫し栄養を奪い取り、ついには死をもたらすのである。そのためには10～20年の年月が必要である。

放射線によって誘導されるＤＮＡ損傷は、大部分修復される。また、たとえ遺伝的変異を生じても、ヒトにガンが発症するかどうかには直線的なつながりがないことはすでに述べたとおりである。このような点は、これまでの広島、長崎、チェルノブイリ等における疫学的調査の研究において明らかになっており、多くの医学者は、自然被曝を除いた事故による生涯被曝が１００ミリシーベルト以下なら、通常われわれが受けている自然放射線やもともと存在する発ガン的なさまざまな要因に比べて有意に発ガン率を上げるものではないという結論を示している。

米国の放射線防護委員会では、米国の自然被曝線量は年間６・２ミリシーベルトと推定している。また、世界中には他の地域に比べて10倍以上も高い自然放射線にさらされている人々もおり、そこにおける発ガン率は他の集団に比べて有意に高いという結果は得られていない。放射線とガン発症は、低線量域については直線的な関係ではなく、われわれの生命体にはガンを防ぐさまざまな仕組みが存在していることを正確に認識する必要がある。

33 ガン治療の新たな展望

多くの研究者の努力ならびに各国政府の巨額な予算投入にもかかわらず、今日まで画期的なガン治療薬というものは現れていない。画期的という意味は、広いガン腫に適用でき、なおかつ副作用がきわめて低いということである。ところが最近、免疫賦活化療法に新たな展望が見えてきた。

今日使われているガン治療薬をいくつかの形に分類することができるが、もっとも歴史的に使われてきたのは細胞の増殖を阻害する薬剤である。その阻害の仕組みは、さまざまな化学物質を使い、細胞のＤＮＡ合成を阻害する、エネルギーに関わる代謝を阻害する、ＤＮＡに損傷を与える等である。その中でも、シスプラチンと言われるプラチナを含んだ製剤は、長らくその有効性が認められてきており、強い副作用にもかかわらず広く使われてきている。

このようなタイプの抗ガン剤は、原理的にガン細胞に特異的な作用を及ぼすことは不可能である。体中のすべての細胞は増殖していると言っても過言ではない（脳神経細胞などの例外を除いて）。したがって、副作用として増殖が盛んな正常細胞に傷害が起こりやすい。傷害を受けやすい代表的なものは骨髄細胞、腸管上皮細胞、毛髪等である。

ところが近年、こうした一般的な代謝拮抗剤や増殖阻害剤とは異なるタイプの抗ガン剤が使われるようになった。これら一群のものは分子標的薬と呼ばれている。分子標的薬とは一般的に、特定の標的分子に結合し、その阻害を行う。もっとも優れた例として挙げられるものに、イマチニブ製剤がある。これは、ガン細胞で特異的に活性化されているタンパク質リン酸化酵素に対する阻害剤で、慢性骨髄性白血病と消化管腫瘍の治療に対して日本では承認されている。その他、ゲフィチニブと呼ばれる製剤は、肺ガンで活性化されている上皮成長因子受容体（ＥＧＦＲ）の作用に対する阻害剤で、このようなガン遺伝子が発現している肺ガンにはきわめて有効である。

分子標的薬は、特定のガン遺伝子が原因となり、そのターゲットが明確にされているガン腫については非常に有効性が高いことが知られている。問題は、この標的ガン遺伝子によるガン腫の例は比較的限られていることと、この薬剤を投与し続けることにより新たな変異を持ったガン腫が選択的に増殖し、やがて抗ガン剤が効かなくなることである。

その他の抗ガン剤としては、前立腺ガン、乳ガン等においてホルモン感受性の腫瘍があり、これらに対してホルモンやその拮抗製剤が使われ有効性が示されている。これらによって、乳ガンの手術後5年生存率は飛躍的に高まっている。

しかし、近年もっとも注目を集めているのは、ガンの免疫療法である。従来、ガンの免疫療法に関しては多くのガン治療医は懐疑の目を向けてきた。その理由は、多くのガン免疫療法の中には科学的根拠の薄いものがあり、承認がきちんとなされていないにもかかわらず民間の医療機関で横行する等の弊害があったからである。

さらにこうした不信感から、ガン免疫療法に関する科学的な根拠を得るためのきちんとした治験が行いにくいという問題点があった。すなわち、ガン治療の第一選択肢が外科的な手術とその後の抗ガン剤投与であったため、治療によって免疫系の機能が著しく損なわれた患者に対してしか、免疫製剤の投与が可能にならなかったからである。これまではインターフェロン（アルファ、ベータ、ガンマ）などが、一般的に免疫の活性化をもたらすとしていくつかのガン腫に使われている。また、特定のリンパ腫に発現している抗原に対する抗体を投与して、その腫瘍を殺す治療も有効性が示された。

そうした中、2012年6月に画期的な免疫療法と称されるものが、世界的に権威のある学術誌で紹介され、現在大きな反響を呼んでいる。これは、著者らが1992年に発見した免疫系を抑えるリンパ球レセプターPD-1に対する抗体を用いる免疫賦活化療法である（図42）。

免疫系は、つねにアクセルとブレーキのバランスによって適切な水準に保たれている。もしブレーキを利かなくした場合、免疫系は著しく亢進し、その結果ガン細胞を異物として認識して殺してしまうことが知られている。一方、いくらガンワクチンなどの抗原を投与しても、ブレーキが強く入った免疫寛容の状態では免疫系は反応しない。大きなガン腫を持った生体は、大量の抗

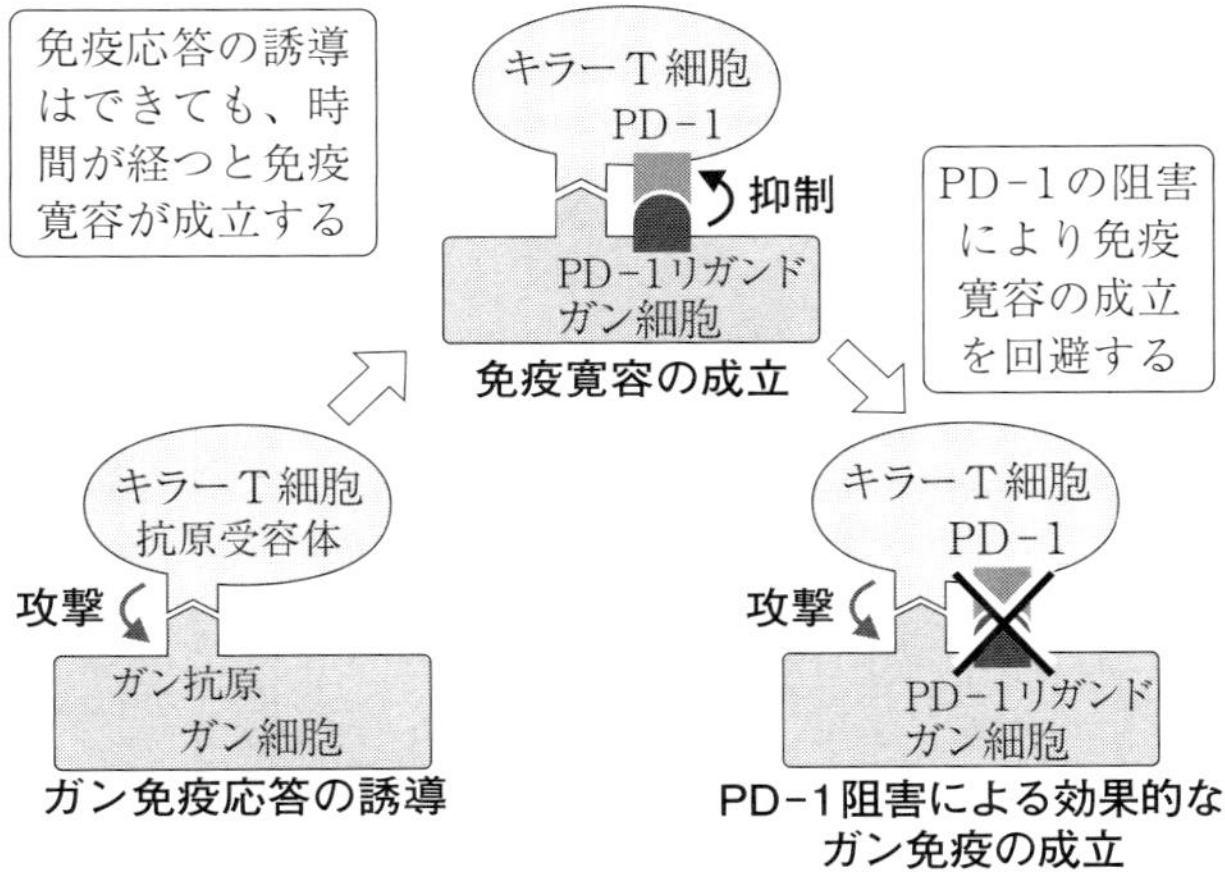

図42　抗PD－1抗体によるガン治療の仕組み

原にさらされており、免疫寛容の状態にあると考えられる。事実、多くの研究者によって追究されてきたガンワクチンについては、これまで治験レベルでの明確な有効性を示す結果には至っていない。

ところがヒト型抗ＰＤ－１抗体を用いた方法は、多様なガンに対する治験で非常に大きな成果をあげており、世界中のガン治療学者が注目している。この治療薬が承認されれば、広いガン腫にわたって、副作用がきわめて少ないガン治療が実現する可能性が高いからである。まだ正式な承認までには数年はかかると思われるが、米国および日本での治験段階の評価はきわめて高いものがあり、やがて多くのガン患者に福音をもたらす可能性が期待される。

34 脳の機能の理解（1）その活動原理

複雑な神経系の機能は、多数の神経細胞が回路を形成し、その中を通る電気信号の制御によって行われている。知覚器官からの情報を統合するさまざまな高次認知・記憶機能は、大脳の異なる部位に局在する。

脳の機能の複雑さは、生命系の仕組みの中でもずば抜けている。脳の多様な機能も、当然のことながら遺伝情報の支配を受けている。しかし、ヒトとチンパンジーについてゲノムの配列が解読されたところ、その違いはきわめてわずかしかなかった。少なくとも遺伝子の数として大きな差はない。それにもかかわらず、チンパンジーに比べてヒトの脳の容積は2倍あり、前頭葉と呼ばれる脳の統合的機能を受け持つ領域が著しく拡張している。

脳の機能を支える原理的な仕組みは、その多様性から一時、遺伝子の変異まで含めた遺伝子の多様化機構が働くのではないかという推測さえなされた。しかし、今日ではそのような可能性はほぼ否定され、脳の活動原理は基本的に電気信号の複雑な回路の形成によって行われると考えられている。

脳から伸びる神経細胞の枝は、脊髄細胞の中まで長く枝を伸ばし、イオンの膜電位を利用した電気的なシグナルがその情報伝達を担っている。このことは、生理学的には70年も前にすでに明らかになっていた。神経回路は、神経細胞の長い突起とそれらの間をつなぐシナプスと呼ばれるソケットのような仕組みで、多数の神経細胞が巨大なネットワークを作っている（図43）。記憶物質というものは多分存在せず、回路の形成やシナプス伝達の強弱が記憶を支配すると考えられている。

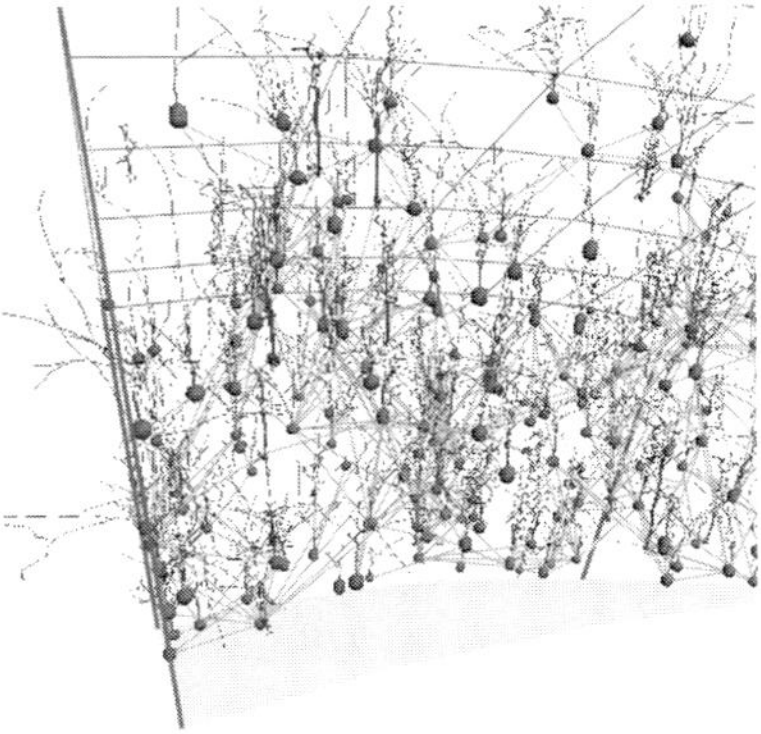

図43　マウスの大脳皮質における神経回路のコンピューターシミュレーションによる3次元画像（Jyh-Ming Lien, Marco Morales, Nancy M. Amato, Neurocomputing, 52-54 (28):191-197, Jun 2003）

さらに、これまでの脳研究において、脳の中にさまざまな高次の機能を統合する中枢組織があることが明らかになっている。このような中枢の存在が明らかになった理由は、主として脳機能の障害によって現れるヒトの症状の臨床的な観察結果に負うところが多い。

もっとも有名なものとして、ゲイジという若い線路工事の現場監督の例が有名である。ダイナマイトの爆発事故によって前頭葉を損傷したゲイジは、以前はきわめて精力的かつ粘り強い、頭の切れる男として尊敬されていたが、その損傷の後は発作的な行為に走るようになり、頑固になったかと思うと鬱(うつ)気味になるなど、優柔不断でまったく計画性のない人になってしまったという。また1950年代から十数年間にわたり、数万人の人に対して統合失調症の治療としてロボトミーという前頭葉切除術というものが行われた。抗神経薬がなかった時代の選択肢のひとつであったが、その結果多くの人がやる気を失い、外界に対して無関心となり、集中力を欠いたり、計画的に物事を行うことが困難になった。このような臨床的な観察から、物事を総合的に判断し、理解する中枢が前頭葉にあることが明らかとなった。

近年、いっそうこの活動の局在を示す証拠として、fMRI（機能的核磁気共鳴イメージング）という手法により、外界からの刺激に対して脳のどの部分が反応を示すかということが、さまざまな刺激に対して特定された。言語や色覚や聴覚等について、限られた脳部位、または限られた数の細胞にその機能が局在しているという結果が得られている。

このような解析の一方で、特定の遺伝子の破壊により、動物モデルによって高度の神経機能を解析しようという試みもなされている。しかしながら、このような試みが必ずしも十分に成功しているとは言えない。その大きな理由は、動物における脳機能の測定がヒトの脳機能と同等かどうか明らかでないことによる。動物の場合、感覚器からの情報を受けて瞬時反射すること（情動反射）などについてはヒトと大きな違いはないと思われるが、判断力、高次の記憶、特に精神疾患の症状が動物においてどのように現れるのか、その測定は容易ではない。

感覚器の情報を受けることで判断し、行動に移す1次中枢の上に、さらに上位の統合中枢があるらしいことは、アッシャー症候群という遺伝病の研究から明らかになった。この患者は、生後次第に視覚と聴覚を失っていくが、最後に残った嗅覚は動物並みに鋭くなる。これは、知覚の中枢に多くの感覚器から複数の信号が入るときは、相互のバランスを取るためひとつひとつの感覚は制限されるが、1つだけ残ると相対的に強い知覚になるのではないかと考えられる。

一方で、脳の高次機能が個々の遺伝子の発現というよりは、胎生期から発達期までかけて形成される神経細胞の作り出す電気回路に依存していることは明らかであり、脳の中の電気的回路を網羅的に記載していくという方法も再び注目されるようになっている。この考え方は新しいことではなく、1950年代前後から微小電極を脳のさまざまな部位に刺すことにより、どのような脳内の電流の流れがあるかを調べてきた膨大な歴史がある。しかし、微小電極で刺している神経軸索が、どのような解剖学的な操行をしているかという機能的な回路との間の照合は、必ずしも容易ではない。

ところが最近になり、きわめて画期的な方法が開発された。これは、クラミドモナスという藻類が持っている光感受性のイオン透過受容体（チャネルロドプシン）という物質を利用した、光遺伝学（オプトジェネティックス）と呼ばれる方法である。チャネルロドプシンは、特定の波長の光に反応して陽イオンを透過させることが知られていた。遺伝子操作でチャネルロドプシンを生体マウスの神経細胞に発現させ、局所的に光刺激を行うことにより、特定のニューロンの活性化を非侵襲的に行う技術が確立された。この結果、従来の方法では困難であった脳機能と神経回路との関連が解明できるようになった。このような一瞬にして行われる光照射によって非侵襲的できわめて効率のよい、かつ正確な神経回路図の作成が可能となり、今日精力的な研究が展開されている。

今後、形態と機能での統合的な理解が進むことによって、脳の全体的な機能の解析が可能になり、今日の生命科学における、もっとも未知の領域と言われる脳科学の基本的な究明の日も夢ではないであろう。

35 脳の機能の理解（2）

シナプスにおける情報伝達は、化学物質の放出、拡散および受容体との結合によって行われる。神経系の制御はこの化学物質の種類に依存し、興奮性の物質と抑制性の物質に大別される。神経細胞内の電気信号に比べて伝達速度が遅いが、制御には適している。

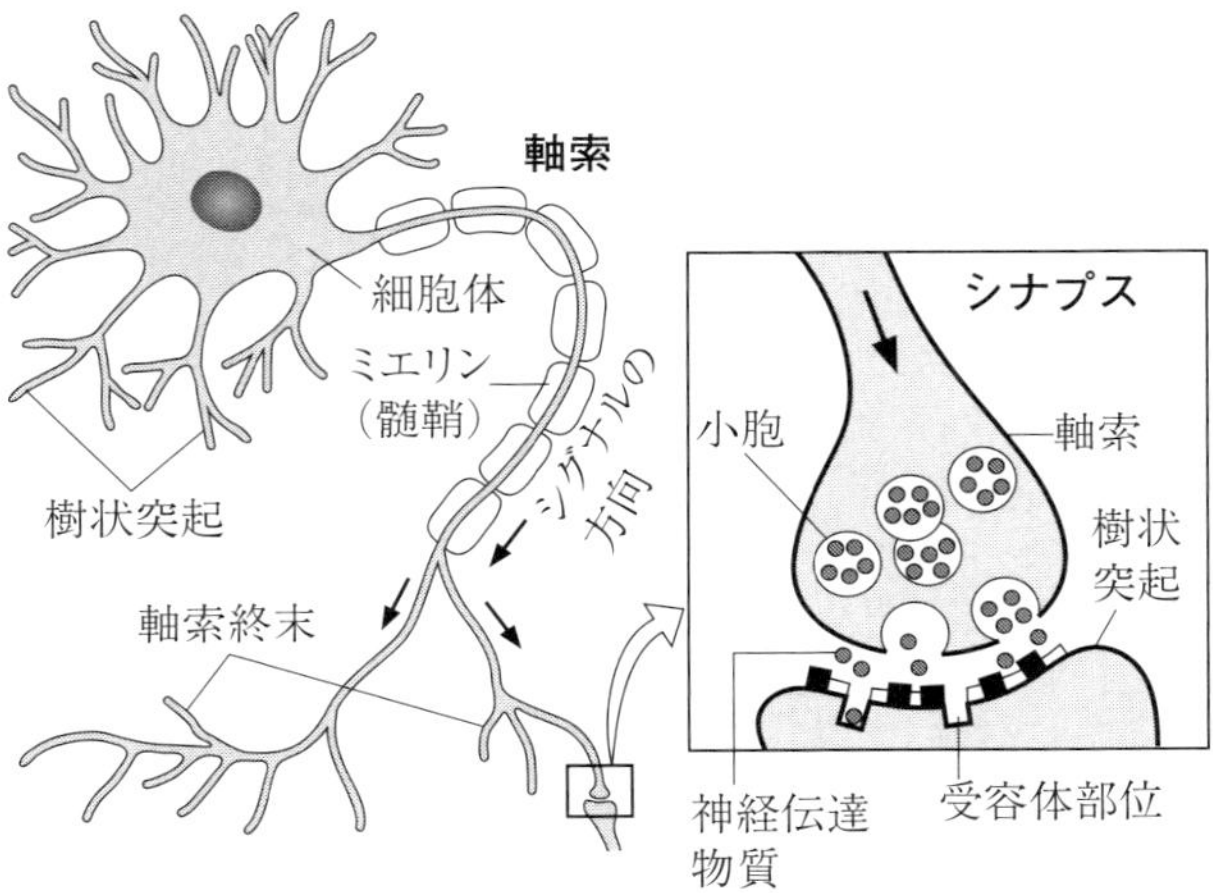

図44　神経細胞の軸索とシナプスにおける情報伝達の仕組み
（www.educarer.org（2006）より）

ゲノム解析を用いて脳の機能を明らかにした最大の功績は、神経と神経の情報伝達に関わるシナプスにおけるさまざまな分子の役割である。シナプスは２つの神経の間をつなぐ情報伝達を、化学物質の放出と、それを受容体が受け、興奮を次の神経細胞に伝える形で行っている（図44）。ひとつひとつの神経細胞の中の情報伝達は電気的に行われるが、それに比べるとシナプスの分子拡散による伝達速度ははるかに遅く、ここにおける制御が神経回路の複雑な制御機構の役割を担っている。

このシナプスに存在する神経伝達物質として、20世紀初頭にアセチルコリンやノルアドレナリン等が発見された。それ以降、今日までに、ドーパミン、セロトニン、グルタミン酸、L―グルタミン酸の変異体であるギャバ（GABA）が、それぞれの神経末端で固有の機能を持つことが明らかとなった。また、ゲノム解析から受容体の構造と機能の解明が進んだ結果、信号の制御は異なる受容体によって行われ、さらに相互に機能が制御されていることがわかった。たとえば、ギャバ受容体は通常抑制性の制御伝達を担い、興奮性のグルタミン酸受容体と拮抗する形で神経伝達の制御に関わっている。

視床下部から分泌される神経制御によるホルモンの単離については、ギルマン（R. C. L. Guillemin）とシャリー（A. V. Schally）の間の激しい先陣争いで一挙にこの分野の開拓が行われ、1968年の甲状腺刺激ホルモン放出因子を手始めに、成長ホルモン分泌抑制因子、ソマトスタチン等の従来から存在を予測されていた副腎皮質刺激ホルモンや類似の生理活性物質が次々と単離され、またそれを用いた医学的な応用についても活発な研究が進んでいる。

この分野においては長らく、神経の微量ペプチドを分離精製して、そのアミノ酸構造を決定し、それをもとにして合成品を作り、これが同じ生理活性を示すことを確かめるという方法がとられてきた。これによって多くの神経ペプチドの構造決定や機能の研究が行われてきた。

近年は、ゲノム解析の結果として次々に新しい神経ペプチドの存在が明らかにされている。京都大学の中西重忠と沼正作は、副腎皮質刺激ホルモン（ACTH）の遺伝子構造を解明した。この遺伝子から作られるポリペプチドには、ACTHの他にエンケファリンやβ―MSH、γ―M

ＳＨ（いずれも色素細胞刺激ホルモンの一種）といった、まったく生理活性の異なる多数のホルモンとペプチドが存在し、これが分解されて多数のホルモンが生じることが明らかになった。

エンケファリンはやはり脳内にあって、神経伝達に関与していることが示唆されている。エンケファリンは一種の麻酔作用を持ち、痛みをやわらげ、人々に快感を与える。ジョギングが人々を捉えて離さないのは、ジョギングを続けると、脳内にエンケファリンの分泌が条件反射として起こるからであるという説がある。

神経ペプチドの生理活性は、きわめて多彩である。たとえば、ＶＩＰと呼ばれる28個のアミノ酸からなるポリペプチドは、一般にホルモンとして血流増加や血圧低下など血管系や平滑筋に作用するが、同時にプロラクチンやインシュリンのような内分泌ホルモンの分泌も刺激して、代謝系に影響をおよぼす。このＶＩＰは、セクレチンやグルカゴンといった、まったく作用の異なるホルモンと一部類似する化学構造をしており、動物によってはセクレチンよりももっと強く膵臓（すいぞう）の外分泌を刺激することがある。

ＶＩＰはまた、脳内の神経細胞の分泌器官である顆粒（かりゅう）中に局在しており、神経細胞の興奮によって分泌される。脳内でも血管血流量の調節を行い、その血管の支配領域の神経活動を調節すると考えられる。ＶＩＰはこの他に脊髄の腰仙髄レベルの神経細胞にも存在し、最近では男性性器の勃起にも強く関係していることが示唆されている。

多くの神経ペプチドが単離され、その驚くべき生理作用が解明されたが、中でもレプチンの発見は多くの人に驚きと応用への興味をかき立てた。１９９４年、ロックフェラー大学のフリードマン（J. M. Friedman）らが遺伝性肥満マウスの原因遺伝子として、レプチン遺伝子の同定に成功した。その後の研究により、レプチンは脂肪細胞から分泌され、視床下部におけるレプチン受容体に結合して、摂食中枢の働きを抑える役割をすることが明らかとなった。レプチン異常のヒトも同定され、ネズミ、ヒト、またラットにおいてもこの仕組みが共通に働いていることが明らかとなった。この仕組みを利用して、痩せ薬の開発が行われている。このように、神経系のさまざまなペプチドと多くの臓器の間で情報交換が行われる仕組みは、内分泌系と神経系とが進化的に共通の祖先から由来したことを強く示唆するものである。

いろいろな神経ペプチドの遺伝子の解析によって、次々と明らかになった構造を比較してみると、ある一群のものは共通の祖先に由来したことをうかがわせる構造が見られる。また、神経組織と腸管とで同じようなペプチドが産生される例が非常に多い。このことは、神経ペプチドの祖先がホルモン、すなわち内分泌物質だけでなく、消化管で分泌される外分泌物質と共通の祖先から由来したからではないかと推測される。

36 病気の原因遺伝子

すべての病気は、遺伝的要因と環境要因の複合作用であると言っても過言ではない。遺伝的要因が主なものは先天的遺伝病であるが、後天的に遺伝子に異常が入ると発症するガンは遺伝子病と考えられる。複数の遺伝的要因と環境要因とが合わさって発症する生活習慣病の解明は、今後の研究を待たねばならない。

ヒトはなぜ病気に罹るのか。病気の原因には、基本的に遺伝的要因と環境要因の２つの要因がある。もっとも遺伝的要因に関係ないと考えられてきたのが、感染症である。しかしながら、病原体に感染しても、症状は個人の遺伝的背景によって大きく変わることが明らかになった。免疫系に関わる遺伝子に異常があると、多くの場合、普通の人では大きな症状を示さないような感染症でも罹りやすくなったり、重症になったりする。

たとえばハンセン病の感受性遺伝子として、自然免疫に関わる遺伝子の関与が明らかになった。インフルエンザで特に重症な症状を示す遺伝子的背景も知られている。また同様に、エイズウイルス（ＨＩＶ）への抵抗力は、その人の持つ免疫系の遺伝子によって著しい差がある。最

正常成人型ヘモグロビンのHBB配列

ヌクレオチド	CTG	ACT	CCT	GAG	GAG	AAG	TCT
アミノ酸	Leu	Thr	Pro	Glu	Glu	Lys	Ser
	3			6			9

変異体成人型ヘモグロビンのHBB配列

ヌクレオチド	CTG	ACT	CCT	GTG	GAG	AAG	TCT
アミノ酸	Leu	Thr	Pro	Val	Glu	Lys	Ser
	3			6			9

図45　正常および鎌状赤血球症のヘモグロビンβ遺伝子
６番目のアミノ酸コドンでAからTへの変異がある。

近、リンパ球の移動に関わるＣＣＲ５遺伝子に変異を持つ人がＨＩＶ感染抵抗性（ＨＩＶに感染しない）であることが知られている。この遺伝子は、かつてペストの感染に際しても抵抗性を示し、ヨーロッパのペスト大流行のとき生き残った人が持っている変異だということが知られている。

一方、環境要因にかかわらず発症する病気は、遺伝病と呼ばれるものである。従来、遺伝病は多くの場合原因がわからないものとされ、したがってまた、治療も望みえないものとされてきた。しかしながら、今日、遺伝病の病因や診断の解析は驚くほどの勢いで進んでいる。もっともよく研究されたものとして、古くから知られる鎌状赤血球症という病気がある。これは血色素（グロビン）β鎖の１つのアミノ酸の変化により、すなわち遺伝子のわずか1つの塩基の置換によって、引き起こされる病気である（図45）。

わが国の研究者によって、家族性アミロイドポリニューロパチーという病気の病因が明らかにされた。この病気の患者は、壮年期に入って自律神経障害を起こし、約10年で死亡する。患者の遺伝子を調べると、プレアルブミンという血中タンパク質にある遺伝子の30番目のコドンがバリン（GTG）からメチオニン（ATG）に置換しているので、現在では、発病以前にDNAレベルで確実にこの病気を診断することが可能となった。

遺伝病をDNAレベルにおいて確実に診断する方法の活用は個人情報に関わり、社会的に議論の分かれるところであるが、少なくとも劣性遺伝病の場合には、不幸な組み合わせの結婚（保因者同士の結婚）に対しての助言は可能である。原因となる遺伝子の解明が治療への第一歩であることは言うまでもない。病気の原因遺伝子が明らかになれば、それに対する明確な治療薬の開発が可能となる。

遺伝子病という言葉は、いわゆる遺伝病よりも広い範囲を指し、遺伝子そのものに何らかの異常があることにより起こる病気をすべて含んでいる。したがって、いわゆる〝遺伝病〟以外に、親からは正常な遺伝子を受け継いだにもかかわらず、環境要因によって遺伝子に変異が導入され、その結果として病気になる場合も遺伝子病と考える。たとえばガンは、代表的な遺伝子病であると言える。発ガン化学物質あるいはウイルスによって遺伝子に変異が加えられ、この結果、正常細胞の増殖サイクルが破壊されてガンが引き起こされるからである。

老化現象も、長い間の突然変異の積み重ねによる幹細胞の機能低下が原因ではないか、という説がある。しかし、老化現象は非常に複雑な要因のからみ合いであり、まだ遺伝子病であると断言することはできない。

また、高血圧や糖尿病といったいわゆる代謝病に関しては、環境要因と遺伝要因の相互作用によって発症し、関与する遺伝子の数も多いと考えられている。このような考え方から、病気になった人のDNAを集め、その病気と高い相関関係がある遺伝変異を見出そうという試みが過去20年程度、精力的に続けられた。この研究を「全ゲノム相関解析」(GWAS)と呼んでいる。この研究は当初、きわめて強力な方法であろうと期待が高まり、世界中で多くの研究費が投入された。しかし、その後の研究成果は必ずしも期待通りでなく、当初の熱気はやや低下している。

その第一の理由は、非常に多くの患者が罹る生活習慣病に関しては、多数の遺伝的要因が複合しており、統計的に有意な原因遺伝子を見つけることが困難であるということが明らかになったことである。第二は、これらの研究は主として1塩基多型(SNP〈スニップ〉)という、遺伝子の中における個体間の差を示す1個の塩基の違いを検出するという方法で行われた。その理由は全ゲノム塩基配列の決定には膨大な時間と経費を要したからである。その結果、当然のことながら、SNPで検出される変異は必ずしも機能に結びつかなかった。しかも、その相対的危険度の平均が低く、直接病気の診断につながらなかった。第三には、これらの研究を行う上でもっとも重要なこととして医学的な病気の診断が正確であることが必要で、その病気が同じ原因によるということが確実でないと研究の意味をなさない。現実的には、同じ症状を呈する病気でも原因はさまざまな場合もある。また、診断が医師によって揺らぐ場合、たとえば精神疾患などはこの点できわめて困難な対象となる。

それにもかかわらず、ＳＮＰを用いたＧＷＡＳによって、従来わからなかった多くの遺伝素因と、また遺伝病の原因遺伝子が明らかにされた。さらには、薬剤に対する感受性が人によって違いがあることも、これらの遺伝解析から明らかになった。たとえば、肺ガンの特効薬として知られるイレッサにおいては、ＥＧＦレセプターと呼ばれる細胞膜上にある増殖因子受容体の変異が原因であるガンに関してはきわめて有効性が高いことが示され、これをマーカーにして対象患者を選ぶことが可能となった。また、血液抗凝固剤ワーファリンに対する過敏性に対して明確な遺伝的背景が示され、これによって無駄な医療費の削減と患者のＱＯＬ（クオリティーオブライフ）の維持に大きな貢献をした。

残された大きな課題である生活習慣病は、多数の遺伝的要因の集まりと生活環境の集積の結果引き起こされるものである。この病気の原因解明については、後で述べる大規模ゲノムコホート研究による必要がある。

第5章

ゲノムから見た生命像

遺伝子工学技術の導入によって明らかになった
新しい生命像に基づいて、新しい生命観が生まれてきた。
20世紀後半以降の科学技術の進歩は、
社会構造にも大きな変革をもたらした。
政治は旧態依然であるとしても、
経済や生活様式は変わり、
新しい価値観が模索されている。
生命観の変化が、21世紀の新しい価値観に
影響を与え世界を動かす。

37 常識を破り世界観を変える科学の進歩

「人は誰でも知ることが好きなのだ」とアリストテレスが述べたように、人間の飽くことなき好奇心こそが自然科学を推し進める原動力である。

自然科学というと、とかく高度の応用技術によって、われわれが享受している便利さのみが注目されているが、これは主として、科学技術の効用を訴えれば、自然科学も理解されやすいと考えるマスコミの報道の仕方に大きな責任がある。

さらに、科学行政の責任者にも誤解がある。科学的研究が応用を考えた研究に重点化すると、それは、予想される成果のみを追い求めることになる。何か具体的な成果を目指して研究して得られる成果より、逆に思いがけない発見（セレンディピティ）による成果のほうが、社会的インパクトは大きいのが常である。それは、科学の重要な発見は常識を打ち破ることであるからだ。その結果、これまでの生命科学の重要な発見は常に研究者の予想を超えたものであった。イントロンの存在、スプライシング、ＤＮＡ組換えによる免疫の多様化、マイクロＲＮＡによる制御など、枚挙にいとまがない。

図46　小惑星探査機「はやぶさ」と小惑星イトカワ
（イラスト：池下章裕）

自然科学の発展によって得られた新しい知見によって、私たちの物の見方や世界観が常に変えられてきたのである。たとえば、われわれの宇宙観をとってみても、中世の天動説から地動説へ転換するためには科学者の痛ましい闘いが必要であった。しかし今日、宇宙船から見た地球の姿が茶の間のテレビに映し出される時代となった。また、はやぶさが7年かかって小惑星の物質を持ち帰った。このような時代において、私たちは宇宙の広がりとその真の姿を目のあたりにすることができる。テレビに映った地球の丸い姿を見れば、幼児でさえも、天動説が描いた宇宙像を信ずることはありえない。

私たちの生命観も、これまで述べてきたような生物学の革命によって大きく変わってきた。生命の不思議さに心を打たれる人は、すべて生命の営みに何らかの神秘さを感じてきた。しかし、最近の生物学の知識の増大は、生命のいわゆる〝神秘性〟を著しく低下させ、物質を基礎とした新しい生命観が確立したと言っても過言ではない。しかしながら、まだ完全には新しい生命観が、すべての人々のものとなるにいたってはいない。たとえば今日でも、聖書に書いてあるとおりの生命の誕生、すなわち、神が7日間で天地創造を行い、この世にある生命体をすべて作り上げたという考えを信じている人はたくさんいるし、宗教的生命創造説を学校教育で教えることを義務づける法律が存在する国もある。このような現実を皮肉ったのであろうか、ジャドソン（H. F. Judson）は、20世紀後半の分子生物学による新しい生物学革命のエピソードを綴った彼の著書に、『天地創造の第8日目』という題名をつけている。

生命観に大きな影響を与えた分子生物学の発見をかいつまんでみると、まず第一に、遺伝物質の構造が明らかになり、これがすべての生物種において同一であるということが確認された。このことにより、地球上の生物は1つにつながっているということが、動かしがたい事実となった。ヒトのインシュリンが大腸菌の中で作られるということほど、われわれの生命の基本的な仕組みが微生物と同じであるということを強く示す事実はない。今日われわれは、太古の地球上に、非常に稀な偶然の結果生じたある1つの生命体から、営々として何十億年もかかって進化してきた生命体一族の一員であるということが確認されたのである。

第二に、遺伝物質はけっして確固不動のものではなく、きわめてダイナミックに変動しているということの発見は、生命の仕組みが、コンクリートのビルディングのような固い設計図によって作られているのでなく、きわめて柔軟性と融通性に富んだ設計図に基づいて作られていることを教えた。われわれの生命の営みは、融通性と柔軟性を持った多様なシステムの重層によってバランスよく制御されている。この仕組みのために、われわれは有限のゲノム情報の壁を越えて膨大な多様性を発現している。

第三に、遺伝情報が個体間において著しい差があるということの確認により、個性の尊厳の物質的基礎が明らかになったように思われる。ヒト一人一人の生命が尊いのは、これがヒトだから尊いのでなく、個性ある個人が、他の人にはない、その人固有の遺伝子を持っているからこそ、尊重されるべきであると考えることができる。

38 生命の偶然性と必然性

生命の存在は偶然性に満ちあふれている。そもそも、この地球上に生命が誕生したということは、驚くほど低い確率の中で、常に宝くじに当たりつづけたようなものである。地球という、きわめて好都合な環境条件下にあったとしても、太古の有機物質から自律性を持った生命体が誕生する確率は、おそらく二度と再現が困難なほど、低い確率であったと思われる。このようなことから、生命体の進化や、今後の展望をコンピューターで予測しようとしても、成功の見込みはないであろう。一方で、物理学者の中には、生物の誕生も宇宙誕生から変わらぬ物理法則の必然性で説明できる（あるいはしたい）と考える人も少なくない。その場合には、個々の反応の確率は低いが46億年という地球誕生からの時間と地球の空間全体を考えると十分可能だと考える人と、一方、このような低い確率であると考えると、46億年程度で地球上にゼロから生命が誕生するのは無理で、宇宙のどこかから生命体（あるいはその構成要素）が地球に到着したと考える人もいる。

進化という概念は、長く進歩という概念と結びつけて論じられてきた。これは、ネオダーウィニズムの考えの中で、進化が前進進歩という価値観と結びつけて捉えられてきたためでないかと思われる。ダーウィニズムの熱心な啓蒙家であったハクスリーも、その著書の中で、「進化は進歩の要素を含んだ善である」という考え方をはっきり述べている。

これに対して、木村資生（きむらもとお）の中立説は、「進化は単に変化である」と捉えている（第24項参照）。すなわち、遺伝子の変異に善悪の価値観はない。進歩か退歩かに関係なく遺伝子は変わり、選択は死による個体の排除を通して働く。すべての事象はきわめて偶然性に富んだものであり、その偶然性の産物（新しい種や個体）が環境と相対的条件との中で、著しく子孫を増やしたり、また偶然の結果、この地球上から姿を消したりするのである。

もう一度進化をやり直したら、必ず今日と同じように人類が地球上にはびこり、万物の霊長として覇権をにぎるかどうかはきわめて疑わしいと思われる。

そのひとつの例として、恐竜に代表される爬虫類の繁栄と滅亡の歴史がある。恐竜はおそらく2億年前に出現し、1億年前までの長い間、この地上の覇者として君臨した。この中生代の地球の主は、あるとき、おそらくは今から1億年前くらいの白亜紀末に、こつ然と地球上から姿を消してしまった。この原因をめぐって、古くから論争が絶え間なく行われてきた。

しかし、近年きわめて有力な仮説として登場してきたのが、隕石説である。それによれば、大きな隕石が地球に衝突したため、地球の気候が急変した。衝突によって舞い上がった微粒子が太陽光をさえぎり地球の気温を下げたため、恐竜の絶滅を招いたというのである。まさに広大な宇宙を運行する天体が偶然に衝突したことによって、地球の覇者の運命が入れ替わったのである。

恐竜の絶滅は、2億2000万年前に誕生しながら細々と生きながらえてきた哺乳類が、急激にその子孫を増やし、さまざまな種の分岐と進化を繰り返す、いわゆる〝哺乳類放散〟という現象を引き起こした。

その哺乳類放散の歴史の中から霊長類が生まれ、やがておよそ600万年前、チンパンジーとヒトがアフリカで分岐した。そして、今日の人類の直接の祖先ホモサピエンスは、高々20万年前にやはりアフリカで誕生し、世界に広がった。今日、私たちが生息し、地球の覇者となったこの運命は、実はきわめて偶然な、宇宙の星の運行によって決められたのかもしれないのである。

生命の誕生と進化には必然性があるという考えや、進化とは絶え間なき前進であるという価値観は、多くの人々にとって宗教的願望であり、そのように信じることが安らぎを与えるから、これまで多くの人々の心を捉えてきたのではなかろうか。

しかしながら、今後、進化の研究が進むにつれ、生命の歴史はますます偶然によって支配されたものであることが明らかにされていくであろう。

今日、個体の発生というこの短い時間過程においても、遺伝子のさまざまな偶然性にみちた変異が体内で繰り返され、個体の細菌に対する感染防御や、腸内細菌による食物の代謝恒常性にも関わっているかもしれないのである。生命の存在は、偶然性に富んだものであるという事実を認識することから、生命の価値観は新たなものとなっていく。

同時に、「進化の視点がない生物学は無意味である」という20世紀における進化生物学の中心人物であるドブジャンスキー（T. G. Dobzhansky）の言葉が示すように、今日の生命現象は過去の生命の仕組みの上に積み重ねられてきたものである。新しい機能は、従来の仕組みをうまく活用する形で進化は進んできた。進化は筋書きのないドラマであるが、と言ってそれまでのストーリーをすべて書き換えることはできない。この点では、進化の必然性が今日の生物に仕組まれている。

39 生命の柔軟性

私たちは、生命体のきわめて精緻で精巧な仕組みに驚嘆し、このことから生命というものは、何かおそろしくきちっと定められた設計図に従って営まれているような印象を受ける。「遺伝情報の流れは、常にＤＮＡからタンパク質へと一方向に決められている」とするセントラルドグマがクリックによって提唱されると、遺伝子は、あたかも生命にとって全知全能であり、生体のすべての動きが、遺伝子によって一義的に決定されるかのような印象が持たれた。しかしながら、さらによく調べてみると、ＲＮＡからＤＮＡが生じることが明らかとなった。さらに、生命体の設計図自身が、きわめて柔軟で融通性に富んでいることも明らかになってきた。

もっとも端的な生命の設計図の融通性は、遺伝子自体が、個体の一生の間に、ある細胞では変化するということである。この代表例は、脊椎動物における免疫系の抗体遺伝子およびＴ細胞抗原受容体遺伝子について、はっきりと示された。さらには、生きるために多様性を必要とする系について、次々に類似の例が報告されつつある。トリパノソーマ（アフリカに多い嗜眠病の病原体）の表面抗原物質、淋菌の線毛については、すでに紹介したとおりである（第25項参照）。

さらに、核酸の構成成分であるヌクレオチドの合成経路は、体の中で基本骨格から作り上げるものと、食物から取り入れた骨格をそのまま利用する道と2つあり、そのどちらの経路でも行けるようになっている。また生体防御系も、抗体だけに頼っているわけではなく、自然免疫や細胞性免疫など、いくつもの免疫系統が備えられているのである。もっとも基本的な遺伝暗号であるコドンにしても、1つのアミノ酸に対して1つのコドンが対応するのではなく、一般に複数のコドンが用いられている。

生命の神秘をもっとも強く印象づける分化の道筋についても、個々の細胞の運命は一義的に決められるのでなく、かなりの柔軟性と周囲との相互作用により、右に行くか左に行くかは、偶然性で決められるということが明らかになってきた。小川真紀雄（サウスカロライナ医科大学）の研究によれば、造血系の細胞は骨髄にある幹細胞からさまざまな分裂を経て、白血球、赤血球、リンパ球、貪食細胞、肥満細胞など多彩な細胞に分化していくが、その過程はきわめて偶然性に富んだものであるという。

神経系の分化についても似たようなことがある。ニワトリのヒナを使った実験においては、神経系の発生の途中で、大量の細胞死が見られる。この神経細胞の死は、分化の過程で常に起こる。おそらくは神経細胞の分化の過程で、必要以上の神経細胞が作られ、その中から選択を受けて不適当な細胞は死に、適当なもののみが生き残り、機能を持った神経細胞として、神経系の分化を完了していくのであろうと予測される。

神経線維を切断して、その神経線維の再生現象を細かく追跡してみると、神経線維の先端はいろいろな方向に試行錯誤的に枝を伸ばし、目的とする神経細胞にたどりついた枝だけが、太く発育していくことが知られている。多くの分泌腺の発生過程を見ると、分泌腺の中を通っている中腔の管は、最初から管としてできるのではなく、中腔の部分はむしろいったんできあがった細胞が死ぬことによって形成されることが明らかとなっている。

生命体は、常にきちっと決まった1本の道を、始めからまっしぐらに歩むのではなく、一定の許容幅と複数の可能性を持っているのである。このことが、生命体にとってもっとも必要な、生命の安定性を保証するものなのであろう。

40 生命の有限と無限

生命科学を特徴づける最大のものは、ゲノムという有限の情報に規制されている存在であることに尽きる。

第4項でも触れたが、物理学では「ものが存在しない」ということを証明することは不可能である。存在しないことと検出できないことの区別がつけられないからである。しかしながら、生命科学においては、ゲノム中に記載されていない情報は存在しないと断言できる。このような生命情報の明確な有限性を、私は「ゲノムの壁」と呼んでいる。

驚くべきことに、ヒトの持つDNA情報と昆虫等のDNA情報との間に、量的には格段の開きは見られない。昆虫においても1万を超える遺伝子が確認されており、ヒトにおいては2万を超える程度ではなかろうかと推測されている。にもかかわらず、ヒトが持つ生命機能と昆虫が持つ生命機能においては格段の差があることは間違いがない。

ゲノムの壁という高いハードルを越えながら生命が進化してきた道筋は、ダーウィンの考えたとおり、初めから決められた道筋のないところで遺伝子が膨大な試行錯誤をした結果である。たとえばダーウィンも説明をしかねた目の進化を例にとると、生物種によって目の形は非常に多様である。昆虫のような複眼からホタテ貝のように凹面鏡の形で光を集めるもの、またヒトや多くの脊椎動物のようにレンズで網膜に光を集めるものなど、さまざまである。

それに加え、レンズの中に浮かんでいる透明なクリスタリンと呼ばれるタンパク質は、生物種によって実に多種多様なものが使われている。たとえば、カエルでは血圧上昇作用のあるプロスタグランジンFの合成酵素とそっくりのタンパク質が使われ、ニワトリでは尿素回路のアルギニノコハク酸リアーゼといった酵素が使われ、およそそのタンパク質の本来の機能と無関係な材料が使われている。レンズのタンパク質は生理機能がほとんどなく、透明でレンズの中の弾性を維持するという機能さえあれば十分だったことから、この要件に合うタンパク質が適当に選ばれた可能性がある。一方、発生過程でレンズを作る原基を形成するためにはＰａｘ６という遺伝子が共通に使われている。興味深いことに、脊椎動物ではＲａｘという別の遺伝子が網膜の形成を決定する。この進化の保守的な一貫性と局面による行き当たりばったりの選択との共存には驚かされる。

　では、なぜわずか2万～3万個の遺伝子で生物の多様な機能が生じたのか、また膨大な種が生じたのだろうか。この原理の骨格としては、２つのことが大きい。第一に遺伝子の重複と変異である。遺伝子の変異は主として進化の過程で種の多様化に使われる。しかし、免疫系においては、個体の防御のために使われる。第二に、限られた遺伝情報を組み合わせと階層構造によって制御していることである。細胞の運命づけの際には、遺伝子の逐時的発現（カスケード）によるある一定の時間に発現される遺伝子の組み合わせ、また隣接する細胞の影響から場所によって異なる遺伝子発現の組み合わせというだけで、膨大な存在様式が規定される。

　最近さらに、この発現制御にまったく異なるレベルでの重要な制御が加わった。これは、マイクロＲＮＡと呼ばれる、タンパク質の構造を規定しない小さなＲＮＡ（約20塩基のＲＮＡ）が、ｍＲＮＡの安定性や翻訳の効率に深く関わっているということである。マイクロＲＮＡは従来、遺伝子として認識されていなかったゲノムのさまざまな領域から作られるＲＮＡであり、一部はイントロン由来である。現在、ヒトでは１０００種類近くのマイクロＲＮＡが存在すると考えられている。１つのマイクロＲＮＡは複数の遺伝子の翻訳制御に関わり、この組み合わせを勘定に入れると、その制御の可能性はまさに無限に近くなる。

生物の無限性を垣間見る現象は、地球上に存在する生物種の多様性である。これまで記載されている生物種はおよそ１８０万種と言われているが、まだ確認されていない生物種が１０００万種類あるという推計値もある。しかも、ブラジル赤道直下の砂漠に住む、雨期にのみ地上に現れる不思議なカメや魚類の新種が発見されたという報告もあり、今後も生物種の増大は続いていくに違いない。

もっとも多様な生物種が存在するのは、実は細菌類である。われわれの腸内には、想像を絶するほど多種多様な細菌が存在する。これらの細菌はほとんど培養が困難であるので、培養せずにＤＮＡを増幅してその塩基配列で生物種を決めるという手法がとられるようになった。これは、メタゲノムという新しい分野である。この手法はヒトゲノム解読に使われた方法で、ランダムに大量の塩基配列を読み取り、その断片の重なりから全体像を明らかにしようという手法である。

この方法は、深海に住む細菌層、地下深くに存在する細菌層、また生態系の変化の解析等に応用されている。

まとめれば、生物はゲノムという有限の壁を越え、ほぼ無限に思われる多様性を獲得してきた。しかし、その無限と思われる多様性は、この地球という環境において生き延びるための多様化であるが、地球環境の激変に対応するだけの適応力があるかは不明である。

41 未来に備える遺伝子

ヒトの設計図には、意味のない部分が非常にたくさんある。ヒトのＤＮＡの中で遺伝子は、砂漠の中のオアシスのごとく、無意味な塩基配列の中に点在するように組み込まれていると、ごく最近まで考えられていた。ところが、塩基配列の決定が大規模に進められた結果、ゲノムＤＮＡの70パーセント程度はＲＮＡに読まれているという。つまり、タンパク質に翻訳されないＲＮＡが大量に存在することが明らかとなった。

ところが大腸菌のような微生物においては、役に立たない部分はほとんどなく、遺伝子と遺伝子がびっしりと踵(きびす)を接するようにして設計図ができあがっている。これは、きわめて効率のよい設計図の作り方と言える。

ヒトの抗体遺伝子はリンパ球の中で、その可変部遺伝子を構成する断片（V、D、J）が自由な組み合わせを行うことによって、非常に多数の多様な遺伝子を作り出す。このような断片間の自由な組み合わせに加えて、さらに抗体可変部遺伝子には、集中的に他の1000倍にもおよぶ高頻度の突然変異が導入される。この結果、きわめて多種多様な可変部遺伝子群ができあがる。

このような遺伝子の自由な組み合わせや変異ということから、必然的に、今日すぐ役に立つ抗体遺伝子とともに、まったく役に立たない遺伝子も多数生じることになる。それどころか、なかには個体にとって有害な遺伝子さえ生じることがある。

このような遺伝子の自由な変異というシステムは、われわれにさまざまなことを教えてくれる。たとえば、防御を完璧にするために多様性を増やそうとすれば、それは場合によっては両刃の剣となり、自分自身をも攻撃するような抗体が作られるかもしれないのである。しかし、われわれはそのような代償を払いながら、なおかつ、外敵からの防御ということに対して備えをしているのである。

さて、〝無駄〟な抗体遺伝子がたくさん生じると言ったが、この〝無駄〟というのはよく考えてみると、今日の価値観に基づいた評価である。すべての価値観は、時代と条件によって変わるものであり、今日では無駄と考えられている抗体遺伝子は、はたして未来永劫に無駄なのかどうか、考え直してみる必要があろう。

たとえば、われわれの体は、ジニトロフェノールという有機化合物に対して反応する抗体を作ることができる。ジニトロフェノールのような有機物質がわれわれの外敵として、過去において重要な物質であったとはとうてい考えられない。しかし、そのようなことと関係なく、われわれがジニトロフェノールに対する抗体を作りえるということは、われわれの体の中には、未来に遭遇するかもしれない新たな外敵に対しても、すぐに対応できるほどの多様性を、われわれの抗体遺伝子系はすでに備えているのである。

具体例として、エイズウイルスと人類が遭遇したのは過去数十年以内ではないかと言われているが、われわれはエイズウイルスに対する抗体を作る能力をすでに有している。それでも、免疫不全症となるのは、エイズウイルスが抗体産生を助けるヘルパーT細胞を壊してしまうからだ。

未来に備えられた部分は、今日の価値観では無駄であるかもしれない。しかし、そのような無駄を含んだ設計図であるからこそ、優れた防御システムとして役立ち、今日、人類がこの地球上で主導権を持つ生物種として繁栄している基礎となっているのかもしれないのである。

ヒトの遺伝情報の総体（ゲノム）の中にも、たくさんの偽遺伝子や、今日では無意味と思われる領域が多数存在する。しかしこの部分も、遺伝子の再構成や転移その他によって、少なくとも部分的には、役に立つ遺伝子に変わっていく可能性がなきにしもあらずである。この〝余白〟は無駄ではなく、ヒトの設計図にとっては未来に備える大切なものかもしれない。余白がない大腸菌は、もしかしたら、未来への展望が少ないのではなかろうか。

このように、われわれの設計図の成り立ちを考えると、無駄の効用ということを教えられているような気がする。あまりにも無駄を切りつめると、将来への発展の芽をつむことになるのかもしれないと。

42 生命と価値観

生命の尊さは何ものにも変えがたいという表現は、生命体と生命なき物とを対比して、生命がどのような物質にも勝る貴重なものであるということを意味する。と同時に、生きることが生命体にとっては善であるという価値観を暗黙のうちに認めている。

しかしながら、生命が物質に基礎を置いたものであり、多数の物質の高次の複合体が、生命活動を作り上げていることも疑いのない事実である。生命体のもっとも高度な機能である精神活動も、すべて物質を基礎に置いたものであることは、今日ますます明らかとなってきている。しかしながら、生命体と物質とは、明確に区別される。ＤＮＡは物質であり、生命体ではない。生体の構成成分のどれをとっても、生命体とは明らかに区別できる。

　では細胞という単位は、生命体であろうか。動植物の細胞は試験管の中で培養することができる。培養細胞が生命体であるのかどうか、これはやや難しい問題である。動物細胞は増殖して、さまざまな複雑な機能を持つ。しかし細胞は、自分と同じ細胞を分裂によって生じるが、個体を生み出すことはない。すなわち、厳密な意味での自己複製能力に欠ける。

　しかし植物細胞は、１個の細胞からニンジンやトマトを作る個体になる。また大腸菌という単細胞の生物を考えると、これは試験管の中で生きている細胞とあまり違わない。もし、大腸菌のような単細胞生物を生命体として認めるならば、試験管の中の細胞とどう区別するのかは、やはり難しい問題となる。

　多数の細胞で構成された生命と、大腸菌のような単細胞生物の生命との間に、生命としての価値の差があるのかないのかは、科学的には何とも言えないと私は思う。しかし、大腸菌を何億殺したとしても、われわれはまったく罪の意識を感じることはない。意識するとしないとにかかわらず、われわれは明らかに、ヒトの生命は他の種属の生命とは比べものにならないほど尊いと考えているからだ。

　しかしよく考えてみると、これはヒトの手前勝手な価値観であり、他の種属の生命体にとっては、まったく迷惑千万な話であろう。

ヒトの生命の成り立ち、すなわち受精卵から個体発生の過程の中で、どこからがヒトと同じ生命体であり、どこまではそうではないと判断するかは、きわめて難しい問題である。これは妊娠中絶をまったく認めない立場から、日本の法律のようにある境界を引いて、それ以降は死産と考える立場まで実にさまざまである。受精卵は1個の細胞であるが、やがて個体になることは確かである。

価値観は相対的である

生命の価値観は、今日さまざまに揺れ動いている。植物状態となった人間に家族の希望で死を認めるべきかどうか、一律に答えを出すことはきわめて困難であるように、生命の重みは揺らいでいると言っても過言ではない。一般に、価値観というものは相対的なものであり、その人の社会的立場、相対的条件によってさまざまに変わることを、まず認識する必要がある。

たとえば、妊娠中絶がすべて罪悪であるということを、戦乱や干ばつなどで大人ですら飢えて死んでいくような場所で叫んだとしても、これに耳を貸す人は少ないであろう。植物状態の人間の対応にしてもやはり同じである。どちらが正しいと誰が確信を持って言うことができようか。生命の問題をも含めて、価値観を人に強制することはできない。そこに輪をかけて複雑にしているのが、経済的市場主義の対象に医療がさらされていることである。臓器売買や売春は禁止されている一方で、代理母は黙認されている。

このような時代において、どこでも当てはまるような一般解はなく、代理母、臓器移植や遺伝子治療を考える医師は、ひとつひとつのケースについて、すべての要因を総合的に判断して対処することを迫られるようになってきた。

43 個人の尊厳とクローン人間

ヒトは平等であるとよく言われるが、はたしてそうかと疑問に思われる場合が少なくない。運動能力や芸術能力、背の高さなど個人の能力や体格の差を見れば、ヒトは著しく多様である。ヒトは平等であるというのは、一般的には、ヒトは「法的に平等にあつかわれねばならない」ということを意味しているにすぎない。ヒトがそれぞれきわめて多様な体格や能力を持つということは、すなわち、ヒトは「遺伝子的にはそれぞれ異なっている」ということの反映なのである。

実際に、ヒトの全ゲノムの塩基配列の比較からこのことがまったく正しいことが明らかになってきた。その差違は予想以上に大きく、たとえば、どの人も同じ赤い血色素を持っているように思われるが、その遺伝子構造を塩基配列のレベルで見ると、実にさまざまな構造をしている。これを「遺伝子の多型性」と呼んでいる。

このような遺伝子の多型性は、自然界でヒトがこれまで生き延びる上で、きわめて大切な条件であった。たとえば、今日アメリカの黒人に多い鎌状赤血球症という血色素の遺伝病は、アフリカ大陸においては、マラリアに対する抵抗性の強い大切な遺伝形質であった。このことから環境が変化することによって、逆に思いがけない遺伝子が、ヒトの生存に都合のよい大切な遺伝子として浮かび上がることも考えられる。このようなときに備えて、ヒトという種の集団には、さまざまな遺伝的多型性がそれぞれの個体の中に保存されていると考えることができる。ここにおいても、価値観は相対的であり、それは常に変化するということを十分に認識しなければならない。

新しい人間観

今日においては、個人は尊厳あるヒトの生命を持っているから、平等に尊重されるべきだと考えるよりは、それぞれが異質の遺伝子を持ち、何ものにも代えられない多様性を担う個体だからこそ、尊重されるべきだと考えるほうが適切であろう。

このような考え方に立つならば、特定の価値観に基づいて、今日の社会に役立つ人間をたくさん作ろうとするすべての試みは、生物学的に見て、人間の存在を危うくするものである。

このような試みの中でもっとも恐ろしいのは、ＳＦ小説に出てくるいわゆる〝クローン人間〟の作製であろう。まったく同じゲノムを持つ、特定の能力に優れた人間だけを多数作ることが、はたして人間社会にとって有益であるかどうかは容易に判断がつく。クローン人間は特定の価値観だけで生命を測ることが、いかに愚かであるかを示す好例である。

遺伝子の多型性ということは、すべての個体の中に、何らかの優れた遺伝子があると同時に、すべての個体の中に、何らかの欠陥遺伝子もあるということを意味している。多くの場合は、このような欠陥遺伝子が劣性に遺伝するために、両親から同じ欠陥遺伝子を受け継いだ場合にのみ発現するので、ほとんどの人は気がつかないだけである。

このような事実からしても、遺伝病因子を持った人が子孫を作ることを心配する必要はない。また、自由交配をしている集団における劣性遺伝子の頻度はだいたい一定していることも、すでに証明されている。優生学的な考え方も、やはり特定の価値観に基づいて、生命の重みを決めようとする考え方である。

人間社会において個性と多様性を尊重することが、種の存続にとってもきわめて重要であることが十分理解されるならば、社会的な見解の統一や画一的な教育がいかに有害であるかも明白であろう。教科書を一定の価値観で統一することも、きわめて危険なことであろう。多様性こそは種の存続にとって、きわめて重要な基本なのである。

44 生命はどこまで理解できるか

ヒトゲノムの完全解読の結果、われわれは基本的に生命の設計図を手に入れたと考えられた。ここから生命のすべてを理解できるのではないかという期待の一方に、生命のすべてを理解することは永遠に不可能ではないかという悲観論も依然として存在する。まずここで、われわれが生命を理解するということの意味を考える必要がある。生命現象の基本的な原則を理解し、さまざまな生命現象を分子レベルで記載することは、生命を理解するということの1つのステップである。しかし、ゲノム上に存在する数万の遺伝子とその代謝産物、またこれらの制御因子を全体として捉えることがはたして可能であろうか。

このように、多数の分子の相互作用を一体的に理解し、分子レベルの状態から統合された生命現象のレベルにまで一気に理解をつなげようとする試みとして、システムスバイオロジーという分野が近年活発である。

システムスバイオロジーの研究者は、大きな計算能力を持つコンピューターに膨大なパラメターを与え、数式から演繹的に生物機能を引き出すことを試みている。簡単に言えば、一種のシミュレーションとして生命現象を捉えようとするものである。この試みは、今日部分的には成功していると言える。たとえば、さまざまな物理的なパラメターを使って心臓の拍動をコンピューター上に再現するという試みがある。ただし、これはもちろん心臓に存在するすべての分子の情報を統合することとは違う次元のものである。また、ある薬物に応答する細胞内応答機構をコンピューターシミュレーションし、細胞の反応性を測定する仕組みを立ち上げることも活発に行われている。

現在のところ、システムスバイオロジーは生命現象のある限られた断面を切り出し、そこにおける分子レベルでの相互作用を概観するというやり方と、分子まで遡らずに細胞相互、あるいは臓器全体の生理機能を再現する方向などで成功している。しかし、脳の機能や全身統御系である免疫系の制御などという複雑な対象に関しては、今のところきわめて困難な壁にぶち当たっている。

現在、システムスバイオロジーの限界として語られているのは、２つの側面である。第一は、考慮しなくてはならない因子（変数）が多すぎて、計算式がとてつもなく複雑になってしまうことだ。そのような複雑すぎる計算は、容易にカオスに陥ってしまい、意味のある予測はできない。

たしかに、パラメターの値を上手に設定すれば、既知の現象を計算機上で再現することは簡単である。しかし、それだけでは単にCGを作っているのと大差はない。計算結果に「価値がある」と主張するには、意味のある予測、すなわち生物学的に重要な未知の現象を予測できる必要がある。残念ながら、システムスバイオロジーがそのレベルに達することができるかどうかは、定かでない。第二の課題は、われわれはまだ十分なパラメターを把握していないので、既知のパラメターだけでは実際とかけ離れたシミュレーションになってしまうというものである。

別の生命理解への道は、人工生命体を構築することである。この考え方は、もっとも簡単な生命体を遺伝子構築から始めて作り上げることに成功すれば、それなりに生命の基本原理を理解したと考えられる、という立場に立つアプローチである。また、これを用いることによって有用な微生物を構築し、社会的な応用をはかる試みともつながって、今日大きな注目を集めている。しかし、人工生物の誕生というのはいささか大げさであり、DNA上で生物が複製を行うために必要最小限の遺伝子をつなぎ合わせ、これを既存の細胞の中に入れ込み、増殖を見るということが現在行われていることである。またこの過程で個々の遺伝子機能の改良をはかり、特定の代謝産物の高効率の産生などに活用している。

さて、われわれは最初の問いに返り、生命を理解するというのはどのような状態にいたることなのかを、われわれ自身が問いたださなければならない。有限でありながらこれだけ多くのパラメターを抱えた生物の状態は、たとえ1個の細胞の状態ですら方程式として記載することは至難の業と言わざるをえない。今日、ウイルスの遺伝子を人工合成し、これを宿主細胞に導入してウイルスを作り出すことは可能である。このことから、ウイルスレベルの生命体に関して、われわれは生命というものの働きをかなり理解したと考えることはできるかもしれない。しかし、すでに述べたごとく、ウイルスは生命体としての機能の一部を持っているにすぎず、生命の本質の全体像の理解からはまだ遠い。生命の理解に向けて、われわれはまだ遠い道のりを歩まねばならないであろう。

第6章

生命科学がもたらす社会へのインパクト

革命的に変わりつつある生命科学は、
今後も絶え間なく前進する。
ゲノム工学技術は、あまりにも強力であるために、
手ばなしでバラ色の未来を描くことはできない。
この技術が新たな問題を
掘り起こしつつあることも事実である。
ゲノム工学技術の限界と問題点を
十分に理解して使いこなす英知を
人類が発揮するとき、
この技術がもたらす貢献は、
はかりしれないものとなろう。

45 新技術の社会受容性――安全と安心

安全と安心はしばしば一体で使われる言葉であるが、この両者はまったく異なる次元のものである。安全とは、科学的な根拠に基づいたリスクの低さを示す言葉である。逆に言うならば、安全というのはその裏側に一定のリスクがあることを前提にした話である。世の中に100パーセントの安全性などありえないことは、科学者なら皆知っていることである。たとえば、医薬品の安全性の評価はある一定の量、一定の投与期間、そして一定規模の集団の中での副作用症状の発症の度合い、さらには副作用の重症度と医薬品の効果との対比で判定されるのが通常である。副作用のない薬はほとんどない。したがって、適切な量を知ること、また人によって副作用に差があることを肝に銘じて医薬品は服用し、また処方されるべきである。

一方、安心というのはまったく主観的なものである。どんなに危険性が高くても本人が安全だと信じていれば、これは安心である。たとえば、日本に住む限りにおいて、地震のリスクは常にある。また、その確率の予測はほとんど不可能に近い。何百年に1度とか何十年に1度と言われても、その1度が明日起こるのか100年後に起こるのか予想もつかない。しかし、大部分の人が毎日地震を心配して不安な気持ちで過ごしているかというと、たぶん大丈夫だろうと安心して過ごしている。

２０１１年に起きた東日本大震災によって、多くの人が改めて地震のリスクを感じたが、残念ながら地震のリスクの定量化はきわめて困難である。また地震に対しても、津波に対しても完全な防災はありえない。安全性は常に相対的なものである。自動車に乗って事故に遭う確率と飛行機に乗って事故に遭う確率を比べてみれば、統計的には飛行機のほうが安全性が高いと言われている。しかし大きな違いは、飛行機の場合、事故に遭えば死ぬ確率はずっと高い。

福島第一原発の事故によって大量の放射性物質が大気中に放出された。そして、福島第一原発からの放射性物質で汚染された地域の住民は、強制退去を余儀なくされた。放射線の影響について一般の人々がきわめて混乱した情報を与えられたことは、誠に残念である。日本学術会議の会長談話は事故から3ヵ月後の6月に、放射線の影響として、疫学的な研究によれば、事故が原因の生涯被曝が100ミリシーベルト以下では、発ガンのリスクが増加するという証拠がない、という国際的に多くの医学者が認めている見解を発表した（第32項参照）。逆に言うならば、それ以下の放射線被曝についてそれほど神経質になることはない、というメッセージである。

一方において、マスコミを賑わした研究者からは、わずかな放射線であっても細胞に影響があり、染色体への異常等を引き起こすという見解が述べられた。この事実は、いずれもその内容に

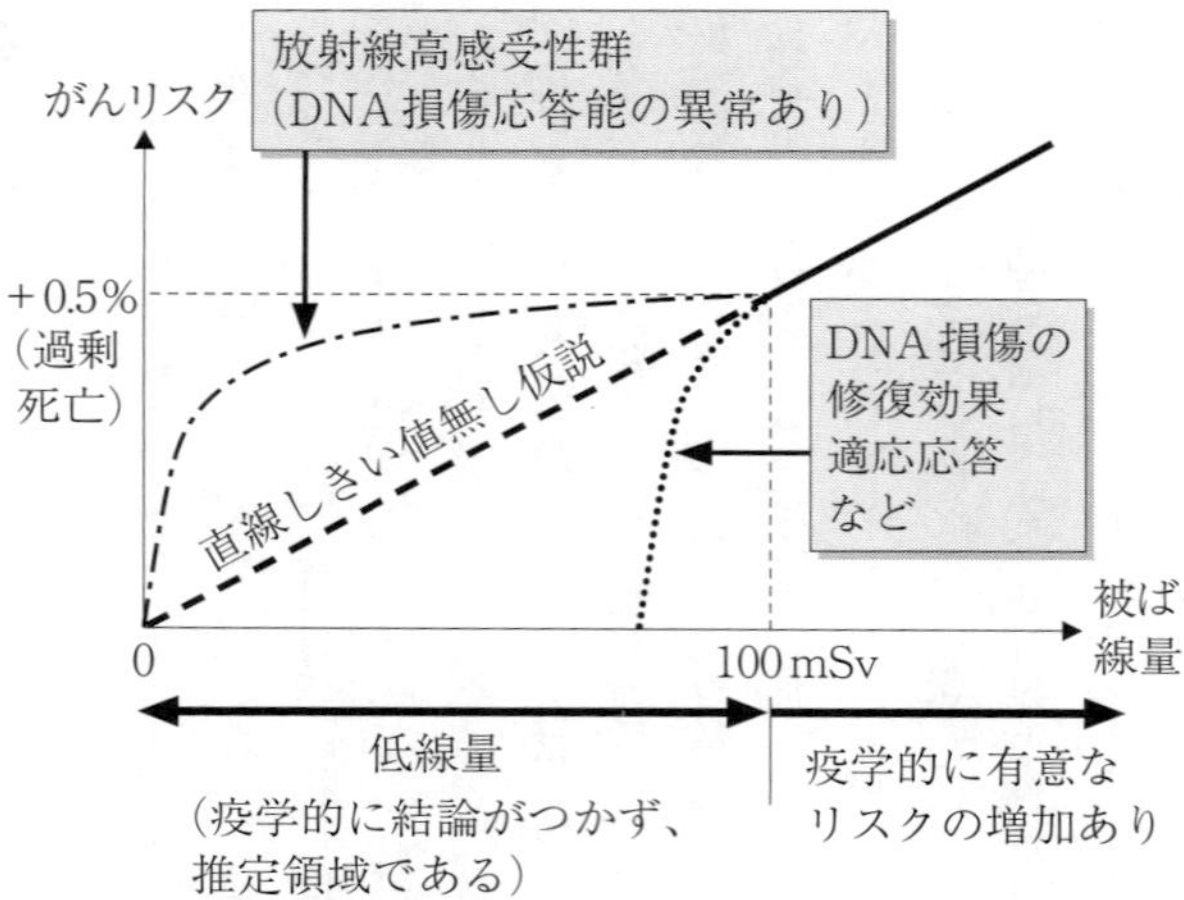

図47　放射線被曝と発ガンのリスク

おいて正しい。ただし、染色体に傷がつくということと、発ガンをもたらすということには重大な差異があることに気をつけなければならない。

われわれの体の中には常にＤＮＡの損傷が起こっており、これを修復する仕組みが備わっている。ＤＮＡの損傷をきたす仕組みは、ＤＮＡ代謝異常の中に含まれるさまざまな化学物質、体の中で作られる過酸化物など多くのものがある。それによって細胞の遺伝情報が大きな損傷を受けないようにＤＮＡ修復機構があり、また修復しきれなかった細胞は速やかに死を選ぶ仕組みが備わっている。さらに初期のガン細胞は体の免疫系によっても排除される。このような生体防御の何層もの防御をかいくぐり生じたものがガンである。その発症確率は、被曝者を対象にした疫学的な知見を総合して推計されているデータが、もっとも実際の安全性、危険性を表している。それによれば、事故が原因の生涯被曝が100ミリシーベルト以下では発ガンが増加するリスクは事実上ない（図47）。

安全性に関してしばしば議論されるのが、狂牛病（BSE）の発症問題である。BSEの全頭検査という制度を導入し、これを行うことによって日本産の牛肉は100パーセント安全だという安心を国民に与えている。また、牛肉輸出相手国にもそれに近い基準を求めている。しかし、BSEの発症確率とその発症にいたる年限を考えるならば、実際問題として全頭検査にかかる費用をかけるほどの意味があるのかどうかきわめて疑わしい。

同じことは、低レベルの放射線についての除染費用の効果についても言えることである。放射線の影響については、ごく最近、と言っても1970年代までの核実験が行われていた時期には、大気中に大量の放射性物質が飛散し、雨となって日本にも大量に降り注いでいた。これらの放射線量は正確に定量され、そのデータが残っている。今どこの地域の放射線量が高い、低いといったわずかな差を議論するまでもなく、日本国中がその時点では放射性物質による汚染を受けていたわけである。科学的な安全性が重要なのは、人々の安心感を支える根底としての科学的なデータが必要だからである。しかし、感情的な安心感と科学的な安全性との間には常に乖離がある。

組換えDNAについても、当初、組換えDNA自身が健康に悪いからという論法が強くうたわれた。しかし、米国産のトウモロコシはほとんどが組換えＤＮＡ種子で作られており、米国人は数十年間も大量に消費しているが、これまで何らの健康被害が報告されたことはない。また、わが国の飼料に使われているトウモロコシは、ほとんどが組換えＤＮＡ由来である。現在、組換えＤＮＡ反対に対する論議は、組換えＤＮＡ栽培によって環境に影響が出るという議論に向けられている。農薬に強い作物等の組換えＤＮＡに対して、環境に抵抗性が強く、他の生態系に対して悪い影響を与えるであろうという懸念から、このような考えが提起されている。しかしながら、実際には農薬耐性のものだけではなく、さまざまな有効性を持った組換え植物が生み出され、使われつつある。

リスク評価は、科学的に十分検証されるべきことは言うまでもないが、根拠のない推論に基づいた、不安感を煽る言動が日本のマスコミを含めた一部の人々にあることは、きわめて遺憾である。組換えＤＮＡ技術はすべて十把一絡げで危険なのではなく、個々のどのような組換え植物でどのような目的で作られたのか、これについて個別に安全性を検証すべきものである。

実際、日本の農水省では個別の安全性試験を行い、輸入栽培を許可している。このままでは、きわめて有用な食物の生産、健康に大いに役立つ食物の生産を日本だけが行えなくなる危険性がある。科学技術と社会の受容性について、常に考えさせられるのは、科学的に十分な理解をした上で、安心という主観的な言葉ではなく、安全性という定量的な科学的な根拠に基づく判断が必要だということだ。

46 ヒト生命情報統合研究の推進による新しい医療の展開と医薬品開発

わが国が現在、少子高齢化社会として世界の先頭を走っていることは周知の事実である。やがて、2030年には30パーセントの国民が65歳以上となり、その結果、このままでは現在でも国家財政を圧迫している医療費を含めた社会保障費が破綻することは目に見えている。

医学的な立場から言えば、これ以上医療費を高騰させない有力な方法は、予防医学を強力に進めることである。その結果、病気の予兆を検知し、重篤な病気になる前に適切な処置・投薬を施すのがもっとも優れた戦略である。大部分の病気は遺伝要因と環境要因の相互作用で発症するので、この両者の情報を正確に分析し、どのような遺伝背景のもとでどのような病気を発症しやすいか、またその発症に関わった生活習慣は何か等をつぶさに長期にわたって観察することが不可欠である。このような医学的にきわめて重要な「ゲノムコホート研究」が、内閣府総合科学技術会議によるアクションプランとして2011年から開始された。

ゲノムコホート研究とは何かについては、大きな誤解がある。私は総合科学技術会議議員として、２００９年の科学技術振興調整費による全国コホート調査研究から、２０１１年度科学技術戦略推進費による日本のゲノムコホート研究開始にいたるまで、その推進に直接関わってきた。この過程で、ゲノムコホート研究を正しく理解している研究者が非常に少ないことに驚いた。とりわけ、「疾患コホートを用いたゲノム相関解析（疾患遺伝子相関研究）」と「ゲノムコホート研究」とがまったく区別できていない研究者が多いことに困惑した。

「疾患遺伝子相関研究」はすでに10年以上行われ、最初はＳＮＰ（１塩基多型）解析、近年では全ゲノムの塩基配列解析まで含めた膨大な解析データが蓄積されている。この方式は、まず正確な診断によって確定した特定の病気の患者群を集め、その患者群のゲノムで高頻度に検出されるＤＮＡ変異を探すことにより、疾患感受性遺伝子を同定しようとするものである。また、血圧や血液マーカーなどの表現型と関連する遺伝子を探索する研究もこれに含まれる。研究に際しては、対象者から特定の疾患の研究にＤＮＡを含む生体試料の使用を許可する同意を得ることが倫理委員会から求められる。

今までのところ、ＳＮＰ解析によってさまざまな疾患の遺伝的リスクファクターが検出されたが、多因子疾患がほとんどを占める生活習慣病や神経・精神疾患等においては、個々には影響力の弱い多数のＳＮＰや、頻度は低いが患者に集積するようなＳＮＰが関係するため、これという決め手は得られていない。それに加えてＳＮＰ解析で検出している遺伝子変異はきわめて限られたものであるので、今後は全ゲノム塩基配列解析に比重が移ることが予測される。

一方、「ゲノムコホート研究」と呼ばれる手法は、現在世界中の各国で計画または開始されている疫学研究方法であるが、「疾患遺伝子相関研究」とは１８０度違う方式である。ゲノムコホート研究では、健常人の集団を登録し、20年以上にわたって追跡し、その人たちの医学的な情報、環境や生活習慣の情報、そして究極の個人情報である全ゲノム塩基配列を仮説を立てずにすべて発症前に集め、この人たちがどのような病気を発症し、あるいはどのような治療を受けて、どのように反応したかをすべて前向きに解析するものである。

両者を比べてみると、疾患遺伝子相関研究は後ろ向き研究で、すでに病気になった人を振り返って解析するものであり、過去の生活習慣などの情報は前もって立てた仮説に従って集められる。すなわち、患者が健康であったときまで遡って臨床情報、環境・生活習慣情報を収集するのはほぼ不可能であるという点でゲノムコホート研究とはまったく異なる。

後ろ向きか前向きかというコホート設計の違いによって、必然的に必要な倫理的指針も異なる。疾患遺伝子相関研究については、対象者からＤＮＡなどの生体試料を得るときに、その生体試料で特定の疾患と類似の病気を解析することを明確に限定した上で、倫理委員会による研究の承認を得た後に対象者から「限定同意」を得る。

ところが、ゲノムコホート研究は仮説を立てない前向きコホートであるから、どのような疾患の研究につながるかは予測できない。したがって、この場合は「包括同意」が必要である。これは自分の個人情報（ＤＮＡ配列を含む）をどのような医学研究に利用してもかまわないという同意書であり、多くの健常人から倫理委員会が納得する様式でこれを得ることは容易ではない。しかし、これを得ないゲノムコホート研究というものはありえない。この点を理解せずに「疾患コホートを用いた疾患遺伝子相関研究」でもって、ゲノムコホート研究が行えるかのような言動をする研究者が一部にあるのはきわめて遺憾である。包括同意を得ないでもしゲノムコホート研究をやろうとする研究者がいるとすれば、これはまさに無免許運転で道路を走るようなものであり、断じて許されるものではない。

ゲノムコホート研究はその性格から、また財政的な観点から全国の研究者の総力を結集するナショナルプロジェクトとなる。そのためには大勢の登録者を必要とすることと、すでに各地域や研究機関で行われている疾患コホート研究や疫学コホート研究を寄せ集めてデータを積み上げることは、データの質を担保できず不可能である。今後、内閣府のアクションプランに基づき、文部科学省でも推進していくゲノムコホート研究は、倫理委員会に認められた包括同意に基づき、また国家プロジェクトとして統一的な仕組みの合意形成を行い推進すべきものである。

ゲノムコホート研究はけっして簡単なものではなく、研究を遂行するためには、日本できちんとした体制をとるためにすべての研究者が心をひとつにして困難に立ち向かう必要がある。また、たんに医学関連分野のみならず、情報科学に新たな課題を提起し、物理化学分野に新たな機器開発を要求するなど、幅広い研究者の参画が必要なきわめて学際的な研究である。とりわけ情報科学分野にとっては、50万人の全塩基配列や50万人の医療情報というこれまで遭遇したこともない膨大で複雑な情報から、いかにして必要な情報を抽出し自在に比較検討するのか、新しい情報革命が必要とされる。血液の微量成分を検出し、そのデータを比較解析するためには、従来の分析技術よりはるかに簡便で感度の高い方法や機器が必要とされる。

しかしこのような困難を乗り越えた後に得られる成果は、きわめて大きな社会的インパクトを持つ。疾患にいたる予兆を見つけることができれば、いわゆる先制医療として病気になる前に介入治療を行うことも不可能ではない（図48）。また、病気の原因となる候補遺伝子や病気に関連するバイオマーカーなどの知見は、新しい創薬のシーズを生み出すものである。このためには初期から製薬企業の参画を促し、国と一体的なプロジェクトを進行、完了することが望まれる。また、医学生命科学にとっても、これこそまさにヒトの生命科学を動物で得られた知見をもとに解き明かす、もっとも優れた稀有な機会となり、初めてヒトの生命科学の大きな進展が期待されるのである。

ゲノムコホートは少子高齢化社会のわが国にとっては、予防医学を充実させるために喫緊の課

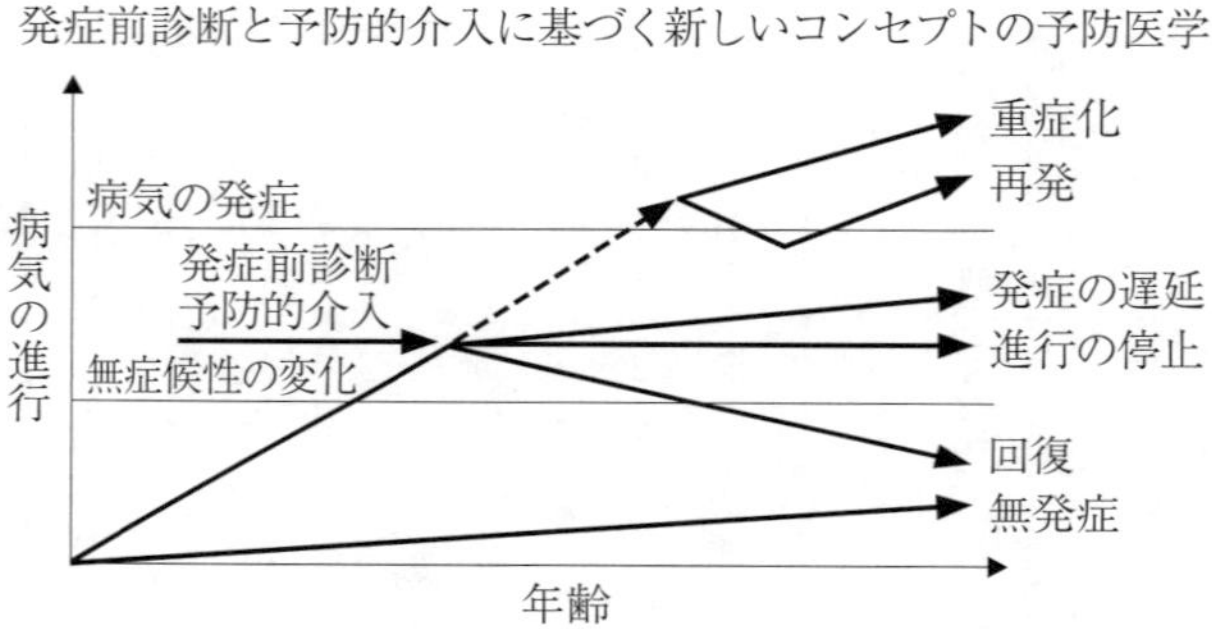

- 個人のゲノム、中間形質を解析し医療情報と組み合わせることで個の医療が進む
- 発症前に早期診断し、先手を打つ治療へと変わってゆく（社会保険の将来像）

図48　先制医療時代の医療

題である。さらにこれは、ヒトの生命科学を推進するために多くの分野の研究者を結集する巨大プロジェクトとなり、国家的に推進する必要がある。しかしながら、健常人コホートであるために、必然的に包括同意を取得するという倫理的制約があることを厳に守らねばならない。また、このようなプロジェクトは全国に少なくとも数ヵ所の拠点を設け、すべての拠点が統一の基準で行い、そのデータを集約するような制度設計がきわめて重要である。これからのパイロットスタディに基づき、必要経費の精査や、整備体制を確立することがこのプロジェクトの成否を決める。

さらに、この研究は生命科学のひとつの究極の課題である「ヒトとは何か」ということに迫るものである。従来、病気の基礎研究は動物モデルを使ってきた。その理由は、ヒトからの非侵襲的データ取得が困難であったからだ。ところが、近年の機器分析技術の革新により、ゲノムコホート研究を推進する中で必然的に膨大な量のヒトのデータが得られる。すなわち、究極の自然の実験に任せたヒト生命科学である。したがって、「ヒト生命情報統合研究」が誕生することになる。このような観点から、日本学術会議は２０１２年８月、「ヒト生命情報統合研究の拠点構築――国民の健康の礎となる大規模コホート研究――」という提言を出した。

47 食料不足と環境保全への取り組み

農業の役割は食料を供給することである。われわれの食料は、そのすべてを無限とも思われる太陽のエネルギーにたよっている。太陽エネルギーはまず植物によって蓄えられ、さらにこれが動物の飼料となり、それがわれわれの動物タンパク源となる。

植物に対する遺伝子組換え技術や細胞培養などを含めたゲノム工学技術全般の役割は、きわめて重要なものとなり、その有効性に対する期待も大きい。その理由としては、植物は個体復元能力が１個の細胞にあることである。すでに45年も前に、組織をバラバラにした細胞塊（カルス）

から、完全なニンジンを作ることに成功している。したがって、1つの細胞に、ある形質を持った遺伝情報を導入し、これを正しく発現することに成功すれば、それからできあがる植物個体全体が新しい性質、たとえばより大きな植物を作るとか、より早く成長するとか、また特定の病害に抵抗性を持つといった性質を獲得することができるのである。

品種改良

一方、動物に関しては、漁業や畜産などを通して品種の改良を行うことや、あるいはある品種の動物の保存をはかることが中心となる。

たとえば畜産において、クローン化動物を作り、優秀なサラブレッドをたくさん産ませることや、あるいは品質のいい肉牛をたくさん作ることは、もちろんわれわれの特定の価値観に基づいた行為であるが、多くの人々にとっても受け入れやすいことである。

ただ私個人としては、このような価値観に基づいて有用な生物を作ること自体には反対しないが、その他の品種を絶滅させるようなことはなるべく避け、むしろ積極的にゲノム工学の先端技術を用いて、品種の保存をはかることが必要ではないかと考えている。また、そのような品種の保存は、凍結受精卵の保存方法の確立によってある種の動物では可能である。

今後の品種改良の主眼点は、その量的な拡大、質的な向上、好みの3つに分けられる。量的にはもちろん動植物とも、生育が早い個体を作り上げることに目が向けられるであろう。質的向上にはいろいろあるが、たとえば栄養価の高い植物に改良していくこともひとつである。たとえばトウモロコシにはトリプトファンという必須アミノ酸がないため、トウモロコシのみを主食とすることは困難であるが、トリプトファンを含んだトウモロコシを作り上げることは不可能ではない。好みの問題としては、今後ますます人間の好みが多様化し、贅沢になるにつれて、さまざまな分野で品種改良の必要に迫られるであろう。肉の硬さや果物の色と香り、あるいは酒のまろみなど、品種の改良にゲノム工学技術の応用はますます盛んになるであろう。

さらに今日の国際的な食料問題を考えてみると、ゲノム工学技術の役割はいっそう重要性を増してくる。

微生物による食料生産

ヒトは動植物を食べて、自分の生命を維持している。欧米においては、ヒトと他の生物は絶対的に異なると考えられている。なかにはクジラとウシは異なるとか、ヒトが食べる目的で飼育した生物はいくら食べても罪悪感がないといった自分勝手と思われる議論をする人もいる。

しかし、仏教の思想では生きとし生けるものの生命は原則として等価であり、ヒトが他の生き物を食料とするのは必要悪と考えている。私は生命に関する仏教思想を実践する手段として、遺伝子工学を応用することを夢みる。私たちの食料をすべて遺伝子工学的手法により、微生物を使って生産することは可能であり、それは完全ではないが、もっとも理想に近い罪悪感の少ない方法ではあるまいか。

今日、木材の生産はきわめて長い年月を要し、その再生産は長期的な展望と多額の資本を必要とする。このような重要な植物資源の品種の改良は、長期的に見てきわめて重要な課題である。さらに自然界に生息する種の数として、バクテリアに次ぐ多数の種を持っている昆虫の利用ということも、今後ますます重要な課題であろう。農業の未来に、ゲノム工学技術の占める役割は今後ますます増大していくことが予測される。

生態環境

環境保全に、遺伝子組換え技術は災いをもたらすという意見がある。この問題を考える前に、まず環境を保全するということはどういう内容かということを深く考えておく必要がある。地球の気候は年々変化している。太陽の活動の度合いも大きな周期をもって変化している。考古学的に見ても、また歴史的に見ても、地球上の気候は寒かったり暖かかったりで、そのたびに地球上のヒトを含めた生物の生き様に大きな影響を与える。

環境保全ということが、このような地球環境の変化を含めて「不変的自然の状態」を保つことが目的であるとするならば、地球上における人間活動全般、すなわち文明と言われるものの影響によって、すでに地球上の生態系は大きな変化を受けていることを認識しなければならない。自然の状態とは何を意味するのかを考えねばならない。刻々と変化する地球環境、主として太陽のエネルギーおよび大気の状態による変化を、人の手によって防ぐことは不可能である。その変化の中で、地球上のあらゆる生物は絶滅とまた進化を繰り返し、相対的な生態系の維持を保っているのである。

遺伝子組換え技術による環境破壊として人々が懸念する事柄に、たとえば異常に環境に強い生物種を人工的に作り、これが他の生物種を駆逐し、広大な地域から単一の生物種による、複層でない単層の生態系を創出しないかという危険性の指摘である。この議論は十分に傾聴するに値するものであり、そのような異常増殖を起こさないような遺伝子組換え植物を作るようにデザインすることが重要である。たとえば、ある種の薬剤に感受性の高い遺伝子を導入するなどして、その植物が異常に繁殖した場合、きっちりと対応することができるという仕組みを組み込むことは十分可能である。

私はむしろ遺伝子組換え技術を用いて、生物種の保存や生物多様性の維持に寄与するようにこの技術を使うことが重要ではないかと考えている。たとえば、絶滅が避けられない種のＤＮＡの保存、また受精卵の凍結保存によってそのような種の維持が可能となる。組換え動物や植物を作り出すという技術は、しばしばこれが逆に人間にとって制御しがたい生物種を生み出し、人間社会を破壊してしまうかのようなホラーストーリーの題材にされる。しかし現実に考えて、第45項でも述べたように、多くの危惧は感情的な反発によるものが多く、科学的な根拠によるものではない。この有用な技術を、いかにしてわれわれがきちんと管理し有効に活用できるかに、今後の地球上の人類の生存がかかっていると言っても過言ではあるまい。

48 ゲノム工学による新産業の創出

今日、われわれがもっとも必要に迫られるものは何かと言えば、それはおそらく新しいエネルギー資源の開発であろう。今日の主たるエネルギー資源である石油や石炭は、近い将来に枯渇することが予測され、原子力は危険性と廃棄物処理の課題が解決されていない。

しかしもっとも豊かなエネルギーは、実はわれわれが毎日恩恵を受けている太陽エネルギーである。太陽エネルギーはほぼ無限と考えられ、太陽が消え去るときは地球上から人類が消え去るときである。この太陽エネルギーを効率よく利用することができれば、エネルギー問題はほぼ解決すると言っても過言ではない。

バイオエネルギー

バイオエネルギーとして今日もてはやされているのは、食物繊維から酵母等の微生物の発酵によってエタノール類を作り出し、このエタノールを燃やすことによりエネルギーを得るという方法である。このようなバイオエタノールによって、石油の代替をしていきたいという希望である。

このためには、発酵によって高効率にエタノールを生じる微生物の開発、またその原料である発酵の対象となる大量に食物繊維を含む植物の開発が求められている。残念ながら現在の技術レベルでは、地下からポンプで汲み上げる石油の価格に比べてとても対抗できる経済性はない。しかし、この研究は地道に続けられており、いつか枯渇するであろう石油に比べて、十分価格的にも対抗できるものが生まれると思われる。

さらに最近では、藻類の中に自らの体内に油脂成分を溜め込むものが見つかり、この大規模な培養によって石油代替品を生産する方法も工夫されている。この研究の最大の問題は、大きな表面積によって太陽光を受けることで、初めて大量の藻類を培養することが可能になることだ。石油に匹敵するほど生産性を上げコストを下げることができるか、まだ大きな課題が残っている。

しかしながら、地下資源である石油、また砂岩層に含まれた石油、シェールオイルやガスのいずれにしてもやがて枯渇することは間違いない。太陽の恵みをエネルギーに変換する方法としては、物理的なシリコン等の材料を使った発電方式（太陽光発電）とともに、バイオエネルギーの生産は不可欠である。

太陽エネルギーのもっとも有効な利用は、植物によって行われている。これは光合成の過程で水（H_2O）を分解して、プロトン（H^+）と酸素（O_2）を生じる形で反応が進む。このシステムは植物だけではなく、光合成能力を持ったバクテリアによっても同じように行われ、これを利用すれば、水を分解して水素を発生させることができる。水素は重要なエネルギー源として利用することが可能である。光合成バクテリアの有効な利用のために、このバクテリアの生育や光合成能力を、組換えDNA技術を用いて改良することはけっして夢ではないであろう。

グリーンケミストリー

グリーンケミストリーという新しい分野の研究開発が進んでいる。これはバイオエネルギーの研究開発とほぼ並行して進んでいる。すなわち微生物による発酵技術を用いて、アルコール類のみならず、エタンやメタンなどの炭化水素の生産を可能にし、これを用いた化学工業産品、たとえばプラスチック等のポリマーを作り出すことが計画されている。このような方法は、石油化学工業が地下資源に完全に依存している状況から、ゲノム工学技術の手段により新たな展開を模索し始めている状況を示している。しかし、今日このようなグリーンケミストリーは政府の科学技術政策の中に組み込まれ、遠い将来ではなく、現実的な期待を持って展開すべき政策課題として科学者の注目を集めている。

今日この問題に立ちはだかる難関は、経済性と量の確保である。材料資源の植物をどのようにして大量に入手するのか、またどのようにして経済的に見合う効率によってアルコール類や炭化水素を作り出すことができるのか。これは常に人類が工業化の過程で克服してきた課題であり、私には解決不可能な問題とは思えない。ゲノム研究の流れは人の健康から食料、エネルギー、化学工業産品にいたるまで幅広い展開を見せつつあり、次の世紀には、この技術に依存しない人間の活動はありえない時代が予想される。

バイオエレクトロニクス

生体のシステムを利用して、さまざまな分野でこれを応用しようという試みも盛んである。たとえばバイオセンサーの利用が考えられる。バイオセンサーとは、われわれの知覚神経や細胞表面レセプターのように、きわめて濃度の低い化学物質を検知し、それに対して反応することができるセンサーである。このような生物受容体の機能を利用した化学物質の検出は、きわめて有用なセンサーとして役に立つであろう。

夢物語としては、バイオチップの開発がある。たとえば、生体高分子であるチトクロームやヘモグロビンなどに含まれているポルフィリンに化学物質を結合させ、これを規則正しく膜の上に展開させた後、特定の信号で分子の向きを変え、その結果、電極間に回路が形成されるような、きわめて微細な電子計算機素子の開発が考えられているが、これの実用化もやがて夢ではなくなるであろう。

このように生物機能の利用は、今後ますます、すべての産業の分野において重要な役割を占め、バイオサイエンスの重要性は、今後10年間に飛躍的に増大するものと思われる。

第7章

生命科学者の視点から

49 幸福感の生物学

古来、多くの賢人、哲人が異口同音に、幸福感は快感に基づくことを認めているが、一方で本能的快感に基づいた幸福感は低次元であり、より上位の、真の幸福感を求めなければいけないと述べている。

本能的快感は生物にとって、生殖欲、食欲、競争欲という3つの欲望を満たすことと密接に関係している。これらの欲望は、生物にとって唯一と言ってもいい価値である「生きる」ということと根底でつながっている。生物種として生き永らえるために生物は子孫を残し、エネルギーを得て自律的に活動し、また外敵と争いながら外界に適応していかなければならない。したがって、もし生殖行為が快感を与えなかったら、生物は子孫を産むことにあまり熱心でなくなり、おいしいものを食べて幸せだと思わなかったら、一生懸命食べることはない。あるいは外敵との競争に勝つことによって快感が得られなかったら、敢然と困難に立ち向かって生き残るということもなかった。このように考えると、生存に必須の行為に対して、快感という褒美を与えるシステムを進化の過程でＤＮＡに組み込んだ生物種が今日まで生き残ってきた、と考えるのがもっとも合理性があるのではなかろうか。

さて問題は、このような幸福感は非常に低次元で、このレベルにとどまっているうちは本当の幸福感は得られないと言われてきた理由である。それは、古くから指摘されているように、欲望の充足はすぐ飽きるということに基づいている。おいしいワインを飲んだら、もっとおいしいワインはないかと思うようになり、権力を手に入れた人はさらに大きな権力を望む。欲望が飽和するのには生物学的な背景がある。すべての快感は、感覚器による刺激受容によって得られる。視覚、聴覚、嗅覚、味覚、触覚のいわゆる五感の感覚器官は、繰り返し同じ程度の刺激を与えることによって麻痺する。このことが、欲望充足型幸福感がやがて飽和していくことの生物学的な基礎である。

これとは別に、不安感がないという快感、すなわち幸福感が存在する。不安感がいったいどこから生じるのか。おそらく、これもＤＮＡの中に書き込まれているのであろう。不安感というのは、先にあげた生存の3要素の侵害を感知するシステムとして存在する。たとえば命が狙われるというのは、自分の子孫を残すことに対する侵害である。食べて害があるものには変な味がするものが多い。大きく強そうな動物を見たら、人間は本能的に恐怖感を持ち、戦ってみるまでもなく、一目散に逃げる。プラトンの男女合体の寓話にもあるように、人は孤独では不安になる。これは、人あるいは多くの動物が群れで生活することによって生存の安心感を得ていた、ということに強く結びついているのであろう。

この世に不安の種が尽きることはないにもかかわらず、不安感がなく、こころが安まるとか落ち着くとかいう心境はどのようにして得られるのか。それは悟りの境地に通ずるもので、不幸を体験することによって初めて得られるものであると宗教家は言っている。悪い人間、悪いことをして苦しんだ人間や本当に困っている人が、一番こころの安定した悟りの境地に近いと言う。しかし、大した不幸に出会ったことのない凡人も心配御無用。偉大な芸術作品、特に優れた文学作品を通じて、人生の苦悩や他人の痛みを十分に味わうことができる。ちなみに宗教の役割は、あらゆる悩みや不安に対する万能不安解消型のソフトウェアを供給するものであると考えることができる。

幸いなことに、不安感の不在という幸福感は麻痺をしない。この点で欲望充足型幸福感と不快除去型幸福感は、同じ生存に関わるところから出てきても、違った制御を受けるのである。

不安の制御とは生物学的にはいったいどういうことか。ヒトの脳では感覚器から知覚中枢に情報が来る。おいしいものが見えたら、食べようという反射的な行動に入る。しかし脳にはさらに上位の高次制御中枢があり、学習や記憶のフィードバック制御により行動や感情を制御する。いろいろな悲惨な体験等々の学習によって、自分の今の置かれた状態が、あの悲惨なときに比べたらどんなに幸せかという形で、不安感受回路の閾値を上げるように高次制御中枢が働くのではなかろうか。感覚器から入った知覚の強さが中枢で制御され、われわれの行動や感情に表れるのであろうということに関しては、いくつかの証拠がある。

アッシャー症候群は、視覚と聴覚の感覚器が生後次々と変性麻痺していく悲惨な遺伝病である。視覚と聴覚の両方を完全に失った患者の面談によると、嗅覚がものすごく強くなるという。したがって、そうなった患者は、化粧の香りで相手が誰だかすぐわかるそうだ。

ヒトは他の動物に比べて、嗅覚が異常に劣っているということが定説になっている。しかし、アッシャー症候群患者の話から推測すると、それは嗅覚受容体からのシグナルが弱いのではなく、視覚からの情報入力がヒトでは異常に多いために、高次制御中枢における情報処理が視覚情報で手一杯となり、嗅覚情報は十分に感知されていないのであろう。しかし、視覚と聴覚からの情報が入らなくなると、嗅覚が全面に出てくると考えられる。また誰でも経験することだが、熱心に本を読んでいると、後ろから誰かが呼びかけても全然聞こえないのも、同じように知覚情報の入力がないのではなくて、中枢における情報処理の段階での制御があると考えることができる。

結論として、幸福感を十二分に味わうためには、欲望充足型の幸福感だけに頼るのではなく、不安除去型の幸福感により重点を移して、その閾値制御方式により幸福感を味わうことが生物学的にもきわめて合理的である。したがって、生物学的に考えられる安定した幸福感への道は、まず永続的な安らぎ感を得ることであり、それに時折ほどほどの快感刺激を加えるのが望ましい。つまりリラックスして、時折おいしいワインを飲むことが一番の幸福ではなかろうか。

50 生物学は必須の教養

かつて京都大学では、生物学を選択しなくても医学部を受験することができた。しかし、それによって医学部入学生の9割以上が生命科学について無知に近いという状態を引き起こし、たいへん憂慮された。医学を志すものが、「生命がどのようにして営まれるか」という原理を知らずに、どうして生命を慈しむことを職業として生きる道に進む決心がつくのであろうか。これはまさに当時の受験制度の弊害の代表例であると考えた医学部教授会のメンバーは慎重に議論を重ね、生物学を入学試験の必修科目とすることに決定した。と同時に、全国医学部長会議でも医学部受験生に対して生物学必修を呼びかけた。平成15年度のことである。

しかし、実は生命科学の知識の必要性は医学生に限ったことではない。今日、私たちは生命に関わる現実の問題、たとえば臓器移植に始まり、再生医療、遺伝子治療、他人の受精卵を自分の体内で育てることや、高齢者に高度先進医療をどこまで施すのが望ましいのか、といった問題を考えるにあたり、その具体的な内容の理解なしに議論することはできない。さらには「ヒトはどのようにあるべきか」という観念的思考に基づいた議論だけでは、現実の問題の対処に限界を実感することが多いが、そのような観点からの議論の根底には無意識ながら「ヒトは特別な存在である」という前提があるからではなかろうか。

しかし今日の生物学の成果によれば、ヒトは特殊な生物ではなく、他の霊長類にきわめて近い動物である。その行動様式も遺伝的に規定されていることが、一卵性双生児の研究から明らかになってきている。人の生き様を考えるときは、人がどうあるべきかという文化的社会的な面からの議論と同時に、そもそも生物としてのヒトの生きる仕組み、知覚、認識や行動の原理はどのようなものであるのかという科学的な理解を共有することなしには、十分な議論ができなくなってきているのではなかろうか。

このような例は生命倫理に限らない。遺伝子組換え食品が危険だと短絡的に決めつけたような報道が多いのは、やはり生物学の知識が欠落しているせいではあるまいか。また、最近のテロリズムにどう対処すべきかの議論においても、正義の剣を振りかざすだけでは問題は解決しないであろう。ヒトには愛と同時に憎悪という感情が備わっていることを認めるところから出発しなければならない。憎悪感は、生物が他者と競争して生き残るために必要であったからこそヒトの遺伝子に刻み込まれていると考えられる。人類に共通のやっかいな問題である憎悪感は、一方ではスポーツ、科学、芸術などにおける競争心と表裏一体である。これをどのように制御すべきか、科学的な根拠に基づいた叡智により、憎悪を乗り越えた調和的共存への展望が開けるのではないか。このように考えてみると、生物学は理系・文系を問わず現代人に必須の教養であると言っても過言ではない。

51 医療の進歩と変化

最近、再生医学や遺伝子治療といった言葉がマスコミに登場する機会が多くなった。一般の人から見れば、医学の進歩によって寿命がますます延び、より快適な生活を送れるという期待感と、一方では医療が進みすぎてヒトの存在自身に大きな変化をもたらすのではないかという不安感とが、交錯していると思われる。すでに臓器移植や生殖医療の進歩によって命を救われたり、授けられたりした人も多い。しかし、いったい何歳の患者にまで臓器移植を行うべきなのか。また、このような高度先進医療を皆で享受するのに必要な高額の医療費を国民が負担できるのか。あるいは、結局一部の金持ちだけが恩恵を受けるのか。実に頭の痛い問題が山積している。

このような社会的、また全人類的難問はどうやって解決するのが適当であろうか。一般国民が議論に参加することが必要なことは言うまでもないが、技術的な内容に関しての理解が不十分なことからくる躊躇や、逆に独断に基づく偏見などから、これまではあまり有効な議論がなされていない。一方、残念なことに医療従事者からの積極的な発言も少ない。長らく医療従事者は、医療の使命はどんなときでも患者の命を1分1秒でも永らえさせることである、という単純な哲学に従って活動してきた。最近では、患者の生き方の質（ＱＯＬ）の向上こそ大切であるとする考え方が次第に強くなった。しかしながら、いずれの考え方でも処理しきれなくなった現実の難問の前に、多くの医療従事者の中にも少なからず戸惑いがあるのが実情であろう。

この問題をさらに難しくしている背景は、生命科学の急速な発展により、20世紀の終わり頃から医療が大きくその性質を変えたことである。医療は、人の根源的な悩みである死に立ち向かう崇高な仕事として多くの優れた若者の心をつかみ、医師は社会一般の人々の尊敬の対象であった。ところが、医療の技術的進歩と飽くことなき人間の欲望追求とが合体し、医療が利潤追求ビジネスへと転換してきたという現実がある。このことをわれわれが感じるひとつの代表例は、バイアグラなる商品が製薬会社に高収益をもたらしているという現実である。いわゆる美顔形成手術も同じであろう。生殖医療にもこの部類に入るものがある。美人で頭のよい人の卵子が高値で売買される国もあるという。

これらの難問を解決するためには、医療とは何のために行うべきなのかという原点に立ち返らざるをえない。古来、権力者は必ず不老不死を求めた。これは人類永遠の欲望とも言える。しかし、ヒトはいつか老いて死ななければならない。それが生物であることの前提であり、ヒトの生き方の根底である。QOLを重視する人は、ヒトという生物に与えられた限られた命を、できるだけ健康に過ごせるように支援することが医療の務めと考える。問題は、「健康」とは何かである。先に述べた人間の欲望を満たすことと健康とは、必ずしも一致しない。私は、この問題を徹底的に議論し考えを整理せずに、このまま医療がビジネスとしてなしくずし的に肥大化するのを放置すべきではないと考える。

52 歴史に学ぶ

日本は太平洋戦争で220万人もの国民の命を失った。広島・長崎には原爆を落とされ、世界で唯一の被爆国となった。しかし、あの戦争を日本がなぜ起こし、なぜ敗れたかについて、総括的歴史的研究は少ない。その中でも米国人ジャーナリスト、ロバート・スティネットによる『真珠湾の真実』(原題"DAY OF DECEIT")は衝撃的である。

この本の膨大な資料を駆使した説得力ある分析によれば、米国は国内の反戦派を抑え、ヨーロッパ戦線に参戦するために、日本によるハワイ先制攻撃を挑発する周到な計画を立てた。米軍は日本の外交・軍事暗号を傍受・解読し、ヒトカップ湾への艦隊の集結を含めて日本海軍の動きを事前に察知していたが、ルーズベルト大統領はハワイの太平洋艦隊司令官には意図的に伝えなかったという。

軍事・外交の情報戦において、日本はあまりにも無防備かつ無知であったために、あのような悲惨な戦争に突入し、また多くの人命を失った。その反省が行われるなら、現代の外交戦略や、経済戦争における情報戦略を再検討し、米国の真の意図を見抜いた上での施策が可能になろう。現在わが国の経済を悩まし続けている、世界同時不況の中で、大正時代の金融恐慌前にとられた債務の引き延ばし策とまったく同じことが繰り返されているというのも、歴史に学んでいない事例ではなかろうか。

われわれは文化的歴史を背負って生きていると同時に、生物としての歴史すなわち進化の産物であることから逃れられない。今日ヒトが病気になるのも、長い生命の進化の歴史の中で、生き残るために獲得した遺伝情報が、ヒト社会の急激な文明化による生存環境の変化との間でミスマッチを起こすことによる事例が少なくない。たとえば糖尿病が年々増えているのは、われわれの先祖が常に飢餓状態にあり、いかにして血中の糖レベルを下げないですむかということに大きく配慮した遺伝子作りをしてきたからに他ならない。地球上の一部の国で国民が飢餓から解放されたと確信できたのは、わずかここ100年足らずのことでしかない。

ヒトの社会的な行動を考える場合でも、ヒトという生物種の進化を抜きには考えられない。そもそもヒトが他の生物とまったく異なる、倫理性の高い生物であるという保証はどこにもない。むしろ、他の動物と同じような条件反射と、欲求追求型の神経回路を基礎にした生き物であると考えるほうが正しい。精神分析家、中本征利著『男の恋の分析学』によれば、恋愛における男性の思考行動様式の基礎は、動物のオスと同じと考えるほうが間違いが少ないようだ。

たんに観念論的な性善説に依存するシステムでは失敗することが歴史的実験として証明された。ヒトは教育によって初めて社会性を獲得する。動物としてのヒトが社会生活を営み、他を脅かすことなくそれぞれが幸福な生活を送れるようなシステムを、生物行動学から学ぶ必要がある。私たちの未来を開く鍵は、進化を含めたわれわれの歴史を冷静に分析することにあることを、再度認識すべきではあるまいか。

第7章　初出一覧

幸福感の生物学　「文藝春秋」２００１年9月臨時増刊号
生物学は必須の教養　京都新聞「現代のことば」２００１年10月12日
医療の進歩と変化　京都新聞「現代のことば」２００２年2月18日
歴史に学ぶ　京都新聞「現代のことば」２００１年8月14日

ミーシャー　27
ミトコンドリア　39, 83
ミルシュタイン　120
無性生殖　79
メチル化　146
メッセンジャーRNA　48, 68
免疫応答　151
免疫寛容　174
免疫記憶　160
免疫系　150
免疫賦活化療法　174
免疫療法　173
メンデル　18
メンデルの法則　18
モーガン　27

〈や・ら・わ行〉

薬剤耐性因子　133
薬剤耐性因子遺伝子　96
山中伸弥　142
有性生殖　79
優劣の法則　18
葉緑体　83
抑制性T細胞　159
ライト　21
ライブラリー　106
ライボザイム　69
ラムダファージ　95
リガンド　139
リソソーム　40
リプログラミング　41
リボース　48
リボ核酸　48
リボソーム　39, 72
リボソームRNA　48
粒子説　20
リン酸　49
リンパ球　119
リンフォカイン　154
ルイス　141
レーダー　53
レセプター　38
レトロウイルス　85, 134
ワクチン　160
渡辺力　133
ワトソン　30

ヌクレオチド　47
沼正作　182
ネオダーウィニズム　196
ノックアウト法　115
ノックイン法　117
ノッチ　139

〈は行〉

バイオエネルギー　237
バイオセンサー　239
バイオチップ　240
胚性幹細胞　117, 144
ハイブリッド形成　50
ハイブリドーマ　119
ハクスリー　23
発ガン遺伝子　132
発現型ベクター　96
発現制御　137
反復配列　132
ビードル　21
光遺伝学　179
ヒストン　45
ヒストンシャペロン　148
ヒストン八量体　45, 148
ヒト型抗PD-1抗体　175
ヒトゲノム　32
ヒト生命情報統合研究　231
微量注入法　100
品種改良　232
ファージ　86, 94
フィッシャー　21
フード　106
ブラウン　130
プラスミド　85, 94
プローブ　50
分化　137
分子標的薬　173
分離の法則　18
ベーリング　161
ベクター　93
ヘルパーT細胞　154
変異原　56
変性する　50
ベンター　106
放射線　168
放射線被曝　221
母性遺伝　84
哺乳類放散　197
ホフマン　151
ホメオティック遺伝子　140
ホメオボックス　140
ポリメラーゼ連鎖反応法　109
ボルチモア　89
翻訳　31, 68

〈ま行〉

マイクロRNA　65, 203
マイクロアレイ法　50
マキサム―ギルバート法　103
マクリントク　129
マッカーティ　28
マックロード　28
末端転移酵素　91
マリス　109

上流　61
自律性　38
進化　22
真核生物　42
神経回路　177
神経細胞　177
神経伝達物質　181
神経ペプチド　182
スニップ　188
スプライシング　69
スプライソソーム　69
スミシーズ　117
制御配列　61
制限酵素　88
性染色体　44
全遺伝情報　32
全ゲノム相関解析　188
染色体　43
先制医療　229
セントラルドグマ　31
相同組換え　81
相同染色体　81
相補DNA　91
相補性　49

〈た行〉

ダーウィン　22
多型　126
脱メチル化　147, 149
ダビド　130
単クローン抗体　120
探索子　50
タンパク質　40
チミン　47
チャネルロドプシン　179
中立説　196
定常部　152
デオキシリボース　48
デオキシリボ核酸　27
適応性　39
テミン　89
転移RNA　48
転写　30, 67
転写制御遺伝子　137
独立の法則　18
利根川進　131, 157
ドブジャンスキー　198
トランスジェニック動物　100
トランスジェニックマウス　115
トランスファーRNA　48, 72
トランスポゾン　130, 133, 157
トリパノゾーマ　134
トリプレット　54
トリプレットコドン　54
トリプレット病　133, 169
トル　151
トル様受容体　151

〈な行〉

中西重忠　182
ニーレンバーグ　53
二重らせんモデル　30, 47
ヌクレオソーム　45, 148

クーパー　164
組換えDNA　223
組換えDNA技術　88
クラススイッチ　163
グラント夫妻　26
グリーンケミストリー　238
クリック　30
クローン　93
クロロプラスト　83
蛍光タンパク質　112
形質転換　28
ケーラー　120
ゲノム　32
ゲノム工学　88
ゲノム工学技術　231
ゲノムコホート研究　225, 227
原核生物　42
減数分裂組換え　81, 126
抗ガン剤　172
抗原　152
抗原受容体　157
後生的制御　139, 146
構造配列　57
抗体　152
抗体遺伝子　157
ゴール　130
コーンバーグ　76
コスミド　95
骨髄幹細胞　100
コドン　54
ゴルジ体　40
コンディショナルノックアウト法　118
コンプリメンタリーDNA　91

〈さ行〉

再生医療　143
サイトカイン　156
細胞　38
細胞質遺伝　84
細胞性免疫反応　153
細胞内小器官　39
細胞膜　40
細胞融合株　119
サンガー法　101
ジェンナー　160
シグナルペプチド　74
試験管内変異導入法　111
自己複製　38
システムスバイオロジー　214
自然選択　22
自然免疫　151
疾患遺伝子相関研究　226
シトシン　47
シナプス　177
下村脩　112
ジャドソン　194
シャリー　182
修飾　74
集団遺伝学　21
『種の起源』　22
主要組織適合性抗原　153
受容体　39
常染色体　44

アポトーシス　158
アミノ酸　40
アンチコドン　71
安藤忠彦　93
イェーニッシュ　145
遺伝暗号　54
遺伝子　18
遺伝子組換え技術　231
遺伝子増幅　130
遺伝子導入マウス　115
遺伝子の多型性　212
遺伝子病　187
遺伝子変換　164
遺伝病　186
イマチニブ製剤　173
イントロン　57
ウイルス　42
宇宙線　168
ウラシル　67
液性免疫　153
エクソン　57
エバンス　117
エピジェネティック制御　139, 146
エレクトロポレーション法　98
塩基　47
塩基対　67
塩基配列　32
大野乾　62
岡崎フラグメント　77
岡崎令治　76
岡田善雄　119
小川真紀雄　200
オチョア　53
オプトジェネティックス　180
オワンクラゲ　112
オンコ遺伝子　132

〈か行〉

ガードン　41
会合　50
介在配列　57
外套膜　42
核移植　41
獲得免疫　151
活性化誘導性シチジンデアミナーゼ　161
カペッキ　117
可変部　152
下流　61
カルシウム法　98
ガン　167
ガン原遺伝子　168
ガン治療薬　172
「ガンとの戦い」　167
ガン抑制遺伝子　168
北里柴三郎　161
木村資生　196
逆転写酵素　89
胸腺　158
キラーT細胞　153
ギルバート　58
ギルマン　182
グアニン　47

さくいん

〈数字・アルファベット〉

1塩基多型　188, 226
2光子励起顕微鏡　114
2倍体　38
4倍体　38
A　47
AID　161, 169
BAC　95
B細胞受容体　152, 157
Bリンパ球　152
C　47
cDNA　91
C領域　152
DNA　27, 43
DNA合成酵素　76
DNA損傷　171, 222
DNAリガーゼ　89
ES細胞　117, 143
G　47
GFP　112
GWAS　188
in vitroミュータジェネシス　111
iPS細胞　142
MHC　153
mRNA　40, 48, 68
PCR法　110
PD-1　174
RAG1　157
RAG2　157
RNA　27
RNAポリメラーゼ　148
R因子　133
S1ヌクレアーゼ　91
SNP　188, 226
SV40　95
T　47
Tiプラスミド　95
TLR　151
Toll　151
tRNA　48, 72
T細胞受容体　153
T細胞受容体遺伝子　157
Tリンパ球　152
U　67
VDJ組換え　157
VLR　164
V領域　152

〈あ行〉

アセチル化　149
アデニン　47
アプライドバイオシステムズ社　106
アベリー　28

ブルーバックス　生物学関係書（I）

1073 へんな虫はすごい虫　安富和男
1176 考える血管　児玉龍彦／浜窪隆雄
1341 食べ物としての動物たち　伊藤　宏
1391 ミトコンドリア・ミステリー　林　純一
1410 新しい発生生物学　木下　圭／浅島　誠
1427 筋肉はふしぎ　杉　晴夫
1439 味のなんでも小事典　日本味と匂学会＝編
1472 DNA（上）　ジェームス・D・ワトソン／アンドリュー・ベリー　青木　薫＝訳
1473 DNA（下）　ジェームス・D・ワトソン／アンドリュー・ベリー　青木　薫＝訳
1474 クイズ　植物入門　田中　修
1507 新しい高校生物の教科書　栃内　新／左巻健男＝編著
1528 新・細胞を読む　山科正平
1537 「退化」の進化学　犬塚則久
1538 進化しすぎた脳　池谷裕二
1565 これでナットク！　植物の謎　日本植物生理学会＝編
1592 発展コラム式　中学理科の教科書　第2分野（生物・地球・宇宙）　石渡正志／滝川洋二＝編
1612 光合成とはなにか　園池公毅
1626 進化から見た病気　栃内　新
1637 分子進化のほぼ中立説　太田朋子
1647 インフルエンザ　パンデミック　河岡義裕／堀本研子
1662 老化はなぜ進むのか　近藤祥司
1670 森が消えれば海も死ぬ　第2版　松永勝彦
1681 マンガ　統計学入門　アイリーン・マグネロ＝文　ボリン・V・ルーン＝絵　神永正博＝監訳　井口耕二＝訳
1712 図解　感覚器の進化　岩堀修明
1725 魚の行動習性を利用する釣り入門　川村軍蔵
1727 iPS細胞とはなにか　朝日新聞大阪本社科学医療グループ
1730 たんぱく質入門　武村政春
1792 二重らせん　ジェームス・D・ワトソン　江上不二夫／中村桂子＝訳
1800 ゲノムが語る生命像　本庶　佑
1801 新しいウイルス入門　武村政春
1821 これでナットク！　植物の謎Part2　日本植物生理学会＝編
1829 エピゲノムと生命　太田邦史
1842 記憶のしくみ（上）　ラリー・R・スクワイア／エリック・R・カンデル　小西史朗／桐野　豊＝監修
1843 記憶のしくみ（下）　ラリー・R・スクワイア／エリック・R・カンデル　小西史朗／桐野　豊＝監修
1844 死なないやつら　長沼　毅
1849 分子からみた生物進化　宮田　隆
1853 図解　内臓の進化　岩堀修明

発刊のことば

科学をあなたのポケットに

二十世紀最大の特色は、それが科学時代であるということです。科学は日に日に進歩を続け、止まるところを知りません。ひと昔前の夢物語もどんどん現実化しており、今やわれわれの生活のすべてが、科学によってゆり動かされているといっても過言ではないでしょう。

そのような背景を考えれば、学者や学生はもちろん、産業人も、セールスマンも、ジャーナリストも、家庭の主婦も、みんなが科学を知らなければ、時代の流れに逆らうことになるでしょう。

ブルーバックス発刊の意義と必然性はそこにあります。このシリーズは、読む人に科学的に物を考える習慣と、科学的に物を見る目を養っていただくことを最大の目標にしています。そのためには、単に原理や法則の解説に終始するのではなくて、政治や経済など、社会科学や人文科学にも関連させて、広い視野から問題を追究していきます。科学はむずかしいという先入観を改める表現と構成、それも類書にないブルーバックスの特色であると信じます。

一九六三年九月　　野間省一

N.D.C.460　259p　18cm

ブルーバックス　B-1800

ゲノムが語る生命像
現代人のための最新・生命科学入門

2013年 1 月20日　第1刷発行
2024年 3 月 5 日　第6刷発行

著者　本庶　佑
発行者　森田浩章
発行所　株式会社講談社
〒112-8001　東京都文京区音羽2-12-21
電話　出版　03-5395-3524
販売　03-5395-4415
業務　03-5395-3615
印刷所　(本文印刷) 株式会社新藤慶昌堂
(カバー表紙印刷) 信毎書籍印刷株式会社
製本所　株式会社国宝社

定価はカバーに表示してあります。

ISBN978－4－06－257800－4